安徽省省级精品课程小动物疾病学课程建设成果

小动物疾病学
临床技能实训指导

U0278605

主编 贺绍君 李 静

参编 （按姓氏笔画排序）

丁金雪 冯 星 刘德义 阮崇美

孙诗昂 李 冰 李文超 李宝春

张留君 胡倩倩 侯乐乐 徐光沛

郭伟娜 储诚庆 靳蒙蒙 熊永洁

华中科技大学出版社
http://www.hustp.com
中国·武汉

图书在版编目(CIP)数据

小动物疾病学临床技能实训指导/贺绍君,李静主编.—武汉:华中科技大学出版社,2022.9
ISBN 978-7-5680-8392-8

Ⅰ.①小… Ⅱ.①贺… ②李… Ⅲ.①动物疾病-诊疗-教材 Ⅳ.①S858

中国版本图书馆 CIP 数据核字(2022)第 129550 号

小动物疾病学临床技能实训指导   贺绍君 李 静 主编
Xiaodongwu Jibingxue Linchuang Jineng Shixun Zhidao

策划编辑:江 畅
责任编辑:白 慧
封面设计:泡 子
责任监印:朱 玢
出版发行:华中科技大学出版社(中国·武汉)   电话:(027)81321913
         武汉市东湖新技术开发区华工科技园   邮编:430223
录   排:武汉创易图文工作室
印   刷:武汉市洪林印务有限公司
开   本:787mm×1092mm 1/16
印   张:10.25 插页:8
字   数:268 千字
版   次:2022 年 9 月第 1 版第 1 次印刷
定   价:49.00 元

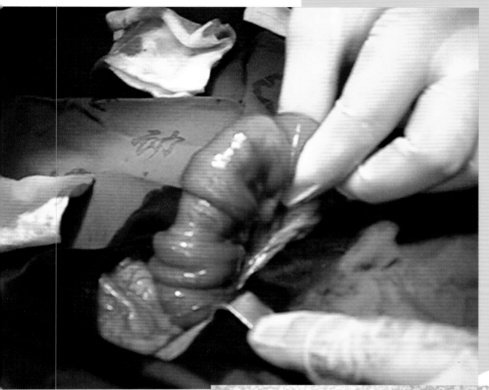

肠套叠

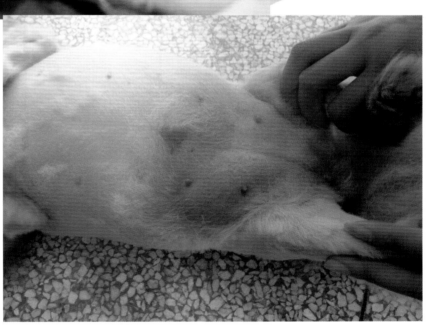

腹股沟疝

鼻镜干燥

角膜荧光素染色

泪液分泌试纸检测

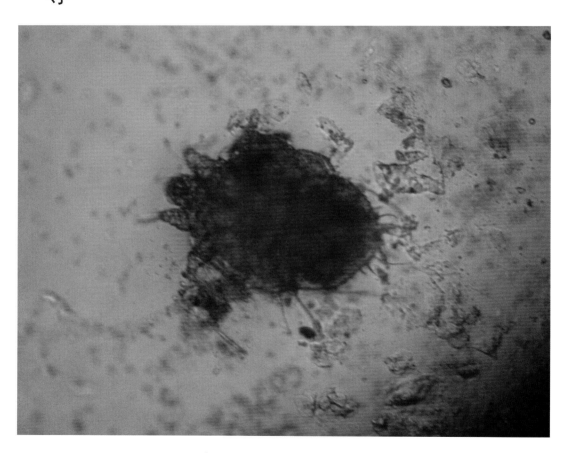

皮肤病（疥螨）

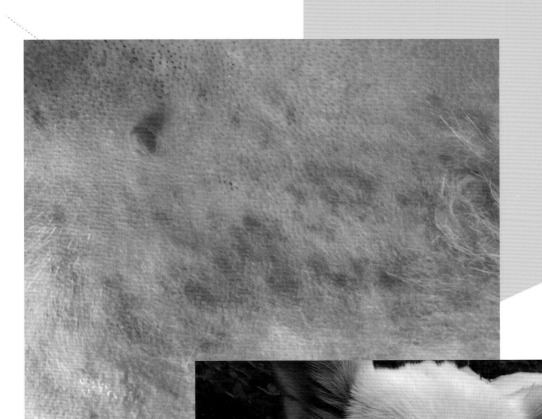

皮肝病（碘疹）

犬第三眼睑突出

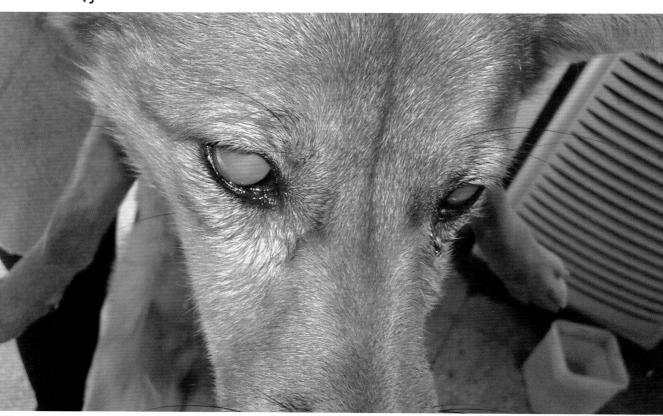

犬传染性肝炎（蓝眼）

犬前下肢骨折

犬肉毒素中毒

犬腹水

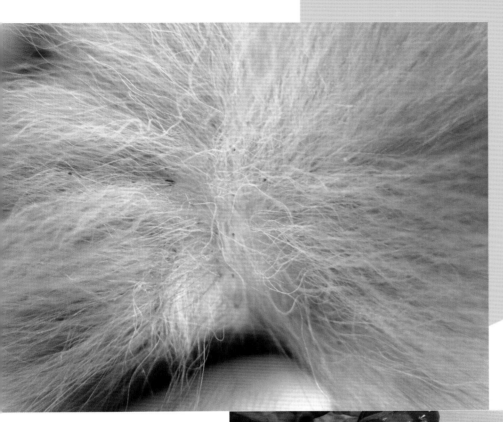

跳蚤粪便

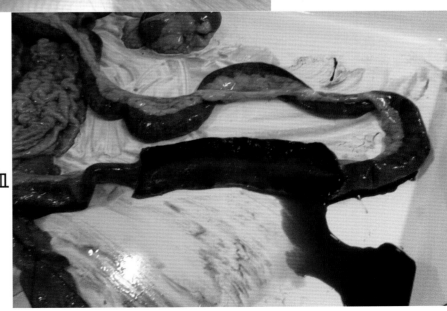

细小病毒性肠道出血

小动物疾病学

临床技能实训指导

蠕形螨

犬瘟热

前言
Preface

　　小动物疾病学实训是培养高素质应用型宠物诊疗人才的重要组成部分。本书为动物医学专业高年级学生和宠物医疗从业人员提供了系统、全面的帮助和引导。编者编写时注重理论联系实际，突出临床实用性。主要内容包括犬猫接近与保定、犬猫整体及一般检查、临床实验室检验技术、一般护理和疾病护理技术、犬猫临床治疗技术、急症处理、常见犬猫疾病的病例分析等。本书基于临床医生的日常工作步骤，按照小动物临床诊疗程序安排全部章节内容，逻辑性强，利于读者吸收和接受。鉴于小动物医学的迅速发展，本书注重推陈出新，以当前最新、最实用的实践操作为主要实训内容，针对性强，内容实效性强。

　　本书是基于宠物医学专业学生就业反馈调查和安徽省省级精品课程"小动物疾病学"建设的重要成果，由安徽科技学院资助出版。本书的出版为培养高水平应用型小动物临床诊疗人才提供了参考，通过认真学习和训练，读者的实践能力和小动物临床服务能力可得到显著提升。

　　指导教师在开展实训教学时，可结合本书中的实训指导内容，注重引导学生正确对待实训，使学生能够通过自身努力完成各项实训任务，并引导学生养成边实践、边总结的良好习惯，促进学生实践创新能力的培养。通过实训中学习，学习中实训，学生在提高执业技能的同时，不断提升自身的综合能力。本书可作为大中专学校畜牧兽医专业师生的实训教材，也可作为小动物临床诊疗人员的参考用书。

　　在本书的编写过程中，编者参考了大量的文献，在此向相关作者表示衷心的感谢。

　　由于编者水平有限，书中疏漏之处在所难免，恳请读者不吝赐教，给予指正。

编　者

2022 年 4 月

目录
Contents

犬猫接近与保定

一、犬猫的接近

（一）犬的接近

接近陌生犬时要先了解犬的性格（如是否具有攻击性等）。对于有恐惧心理或警戒心强的犬，需边呼唤它的名字边靠近，在其视线下用手背试探，使其安定，放松警惕，不要去抚摸和搂抱犬，以免受到伤害。

（二）猫的接近

猫处于陌生环境（如宠物店或宠物医院等）中时，需让其先熟悉周边环境，让它闻一闻、看一看、碰一碰。不要直接将猫抱出，防止猫感到恐慌，出于本能防护而咬伤人或抓伤人。可轻唤猫的名字，先引起它的注意，再慢慢靠近，用手轻抚它的头部、下颌，并取得它的信任，让其慢慢放松警惕。当猫开始用头去顶你的手时，可以尝试慢慢把它抱出。

二、犬猫的保定法

（一）犬的保定法

1.徒手保定法

（1）怀抱保定：保定者站在犬一侧，两只手臂分别放在犬的胸前和股后，将犬抱起，然后一只手将犬头颈部紧贴自己胸部，另一只手抓住犬两前肢限制其活动。此法适用于小型犬和幼龄大、中型犬进行听诊等检查，并常用于皮下或肌肉注射。

（2）徒手犬头保定：保定者站在犬一侧，一手托住犬下颌部，一手固定犬头背部，控制头的摆动。为防止犬回头咬人，保定者应站于犬侧方，面向犬头，两手从犬头后部两侧伸向其面部。两拇指朝上贴于鼻背侧，其余手指抵于下颌，合拢捏紧犬嘴。此法适用于幼年犬和温驯的成年犬。

（3）站立保定：保定者蹲在犬右侧，左手抓住犬脖圈，右手用牵引带套住犬嘴，再将脖圈及牵引带移交右手，左手托住犬腹部。此法适用于大型犬的保定。中、小型犬可在诊疗台上施行站立保定，保定者站在犬一侧，一手托住胸前部，另一手搂住臀部，使犬靠近保定者胸前。此法可用于临床检查、皮下或肌肉注射。

（4）侧卧保定：保定者站在犬一侧，两只手经犬外侧体壁向下绕腹下，分别抓住其内侧前肢腕部和后肢小腿部，用力使其离开地面或诊疗台，犬即卧倒，然后分别用两前臂压住犬的肩部和臀部。此法适用于对大、中型犬的腹壁、腹下、臀部和会阴等进行短时快速的检查与治疗。

（5）倒提保定：保定者提起犬两后肢小腿部，使犬两前肢着地。此法适用于犬的腹腔注射、腹股沟阴囊疝手术、直肠脱和子宫脱的整复等。

2. 扎口保定法

取绷带一段，先以半结做成套，置于犬的上、下颌，迅速扎紧，另一个半结在下颌腹侧，接着将游离端顺下颌骨后缘绕到顶部打结（图1-1）。短口吻的犬，捆嘴有困难，极易滑脱，可在前述扎口法的基础上，再将两绳的游离端经额鼻自上向下，与扎口的半结环相交并打结（图1-2），有加强固定的效果，临床使用较为方便。此法适用于性情较凶或对生人有敌意的犬，以防被其咬伤。

图 1-1　长嘴犬扎口保定法　　　　图 1-2　短嘴犬扎口保定法

3. 口套保定法

犬口套由牛皮或硬质塑料等制成，一般不能调节大小，因此购买时应选择合适的尺寸。可根据犬个体大小选择适宜的口套将犬嘴套住，在犬耳后扣紧口套带。

4. 器械保定法

器械保定用到的器械有颈枷、体架和侧杆等。

（1）颈枷：颈枷可直接购买，也可自己制造，硬纸板、塑料板、X光胶片或破旧桶、篮子等皆可以利用。颈枷在临床上得到了广泛应用，主要用于防止犬舔、咬、抓患部。不是所有的犬对颈枷都能适应，初安装颈枷时注意对其呼吸的影响。使用时在颈枷内和颈枷周围用纱布垫好，与颈间留出能插入一指的空隙（图1-3），麻醉未醒的动物不宜使用。此法不适用于性情暴躁和后肢瘫痪的犬。

（a）特制圆盘形颈枷　　　　　　　　　（b）塑料筒代替圆筒形颈枷

图 1-3　犬颈枷保定法

（2）体架：适合保护体躯，包括腹、胸、肛门区和后肢的附关节以上区域。特别适用于对颈枷不能忍受的动物。也可用于尾部固定，如会阴瘘，会阴肿等的治疗，提高尾部有助于通气、排液或药物处理。本法对犬的头、颈和前肢不产生效果。

（3）侧杆：侧杆适于防止舔、咬同侧后肢和附关节，但不能保护对侧。

5. 静脉穿刺保定法

（1）前臂皮下静脉（头静脉）穿刺保定法：犬胸卧于诊疗台上，保定者站在诊疗台右（左）侧，面朝犬头部。右（左）臂搂住犬下颌或颈部，以固定头颈。左（右）臂跨过犬左（右）侧，身体稍依偎犬背，肘部支撑在诊疗台上，利用前臂和肘部夹持犬身，控制犬移动。然后，手托住犬肘关节前移，使前肢伸直。再用食指和拇指横压近端前臂部背侧或全握前臂部，使静脉怒张（图1-4）。必要时，应先做犬扎口保定，防止其咬人。

（2）颈静脉穿刺保定法：犬胸卧诊疗台一端，两前肢位于诊疗台之前。保定者站于犬左（右）侧，右（左）侧臂跨过犬右（左）侧，将其夹于腋下，手托住犬下颌，上仰头颈，左（右）手握住两前肢腕部，向下拉直，使颈部充分显露（图1-5）。

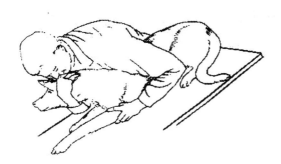
图1-4 犬前臂皮下静脉穿刺保定法

图1-5 犬颈静脉穿刺保定法

6. 手术台保定法

犬手术台保定法有侧卧、仰卧和胸卧保定三种（图1-6）。保定前，应进行麻醉。根据手术需要，选择不同体位的保定方法。保定时，用保定带将犬四肢固定在手术台上。仰卧保定时，颈、胸腹部两侧应垫以沙袋，以保持犬身平稳。

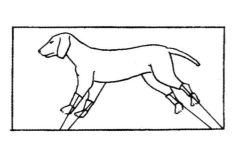
（a）侧卧保定

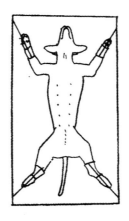
（b）仰卧保定

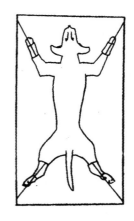
（c）胸卧保定

图1-6 犬手术台保定法

7. 化学保定法

化学保定法是应用某些化学药物使犬暂时失去反抗能力，而犬的感觉依然存在或部分减退的一种保定方法。此法达不到真正麻醉的要求,仅使犬的肌肉松弛、意识减退,消除犬的反抗。常用药物包括镇静剂、安定剂、催眠剂、镇静止痛剂、分离麻醉剂等,如氯胺酮、安定、速眠新、氯胺酮、噻胺酮等。此法适用于对犬进行长时或复杂检查和治疗。在化学保定中除了使用安定剂之外,也可用厌恶气味(包括苦味、辣味等)物质涂抹于患部,给犬留下记忆。

8. 其他保定法

(1)颈钳保定法:颈钳的钳体用铁杆制成,钳柄长 90~100 厘米,钳端由两个长 20~25 厘米的半圆形钳嘴组成(图 1-7)。保定时,保定人员手持颈钳,张开钳嘴并套入犬的颈部,合拢钳嘴后,手持钳柄即可将犬保定。此法保定可靠,使用较方便,多用于未驯服的犬或凶猛的犬,也适于捕捉处于兴奋状态的病犬。

图 1-7   颈钳

(2)棍套保定法:将长约 4 米的绳子对折穿过长 1 米、直径 4 厘米的铁管,形成一绳圈,或用棍套固定器。使用时,保定者握住铁管,对准犬头,将绳圈套在犬颈部,然后收紧绳索并固定在铁管后端。这样,保定者与犬保持一定距离。此法可用于未驯服的、凶猛的犬的保定。

(3)犬笼保定法:将犬放在不锈钢制作的长方形犬笼内,推动活动板将其挤紧,然后扭紧固定螺丝,以限制其活动。此法适用于兴奋性很强的犬或性情暴烈的犬,多用于肌肉注射或静脉注射。

(4)语言保定法:用温和的语调与犬交流,使它们安定下来。但是,若遇到特别好动的、总是安定不下来的犬,可以试着用严厉的语调对它说话。

(二)猫的保定法

1. 抓猫保定法

保定者戴上厚革制成的长筒手套,抓住猫颈、肩、背部皮肤,将其提起,另一只手迅速抓住两后肢并伸展,将其稳住。可借助颈绳套和捕猫网。

2. 布卷裹保定法

根据猫的体长,选择适宜的人造革或帆布缝制的保定布铺在诊疗台上,将猫安放于保定布的近端,提起近端保定布覆盖猫体,并顺势连布带猫向前翻滚,将猫紧紧地裹住,使猫呈"直筒"状且四肢丧失活动能力,可根据需要拉出头颈或后躯进行诊治。

3. 猫袋保定法

猫袋可自制或购买专业用的,一般由质量较好的帆布制作。选用与猫体大小相同的猫袋,将猫从开口端装进去,另一头用猫袋绳拉紧,需要露头或臀部由袋口和袋绳掌握。实际操作中,有时还需要根据实际情况进行站立保定或侧卧保定。站立保定时应用手固定好猫的头颈部,侧卧保定时在固定好猫的头颈部的同时还要固定好其四肢,防止其挣扎而影响操作。此法可用于头部检查、测量直肠温度及灌肠等。

4. 扎口保定法

猫扎口保定法与短嘴犬扎口保定法相同(图 1-8)。

图 1-8 猫扎口保定法

5. 静脉穿刺保定法

猫的头静脉和颈静脉穿刺保定方法基本与犬相同。必要时,可使用保定布。极度兴奋的猫适宜做颈静脉穿刺保定。

6. 保定架保定法

保定架支架用金属或木材制成,用金属或竹筒制成两瓣保定筒固定在支架上。将猫放在两瓣保定筒之间,合拢保定筒,使猫躯干固定在保定筒内,其余部位均露在筒外(图 1-9)。此法适用于测量体温、注射及灌肠等。

7. 颈圈保定法

多选用 X 光胶片制成圆形颈枷(图 1-10),防止自体损伤。

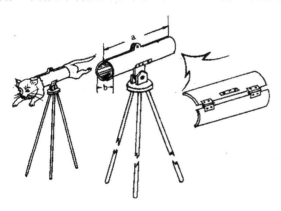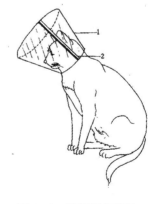

图 1-9 猫保定架保定法   图 1-10 猫颈圈保定法

注意事项

1. 犬猫的保定最好有主人配合。
2. 犬猫的保定姿势应有利于医疗者对检查部位的操作。
3. 当一个保定人员不能完全保定犬猫时,可采用两个或更多的保定人员。

思考题

1. 简述犬猫接近的方法。

2. 叙述犬猫徒手保定、静脉穿刺保定的方法。

3. 如何针对犬猫的体形、性情及需进行的检查与诊疗选择适当的保定法？

实训二 整体及一般检查

一、临床检查的基本方法

1.问诊

问诊的主要内容包括：

(1)既往史:患病犬猫既往的患病情况。

(2)现病史:患病犬猫本次发病的时间、地点,发病的经过以及主要表现;宠物主人对发病原因的估计及所采取的治疗措施与效果。

(3)平时的饲养、管理情况。

(4)有关流行病学情况的调查,特别是有可能发生传染病时,应详细问诊。

问诊时应注意：

(1)语言要通俗,态度要和蔼,要取得宠物主人的配合。

(2)在问诊内容上既要有重点,又要全面搜集资料;可采取启发的方式进行询问。

(3)应结合现症检查结果,对问诊所得到的材料进行综合分析。

2.视诊

视诊是用肉眼直接观察被检犬猫的状态,必要时,可利用各种简单器械做间接视诊。视诊可以了解患病犬猫的一般情况,判明局部病变的部位、形状及大小。间接视诊时,根据需要应做适当的保定,其检查方法见各系统的有关检查方法。

视诊时应注意：

(1)对于新来的患病犬猫,应使其稍经休息,待其呼吸平稳并对新的环境有所适应后再进行检查。

(2)最好在有良好的天然采光的场所进行。

(3)收集症状要客观而全面,不要单纯根据视诊所见的症状就做出诊断,要结合其他方法检查的结果,进行综合分析与判断。

3.触诊

触诊一般在视诊后进行,是用手触摸犬猫体表病变部位或有病变可疑的部位,以判定其病变的性质。触诊的方法因检查的目的与对象的不同而不同：

(1)检查体表的温度、湿度或感知某些器官的活动情况(如心搏动、脉搏搏动、瘤胃蠕动等)时,应以手指、手掌或手背接触皮肤进行感知。

(2)检查局部与肿物的硬度时,应以手指进行加压或揉捏,根据感觉及压后的现象进行判断。

（3）以刺激为目的而判断犬猫的敏感性时，应在触诊的同时注意犬猫的反应及头部、肢体的动作，如犬猫表现回视、躲闪或反抗，常是敏感、疼痛的表现。

（4）对内脏器官的深部触诊，须根据被检犬猫的个体特点及器官的部位和病变情况而选用手指、手掌或拳，采用压迫、插入、揉捏、滑动或冲击的手法进行诊断。对于中、小猫，可通过腹壁深部触诊。

（5）对于某些管道（食管、瘘管等），可借助器械（探管、探针等）进行间接触诊（探诊）。

触诊时应注意安全，必要时应进行保定。触诊时应从前往后、自下而上地边抚摸边接近欲检部位，切忌直接突然接触。检查某部位的敏感性时，应按照先健区后病部的顺序，先远后近，先轻后重，并注意与对应部位或健区进行比较；应先遮住患病动物的眼睛；注意不要使用能引起患病动物疼痛或妨碍患病动物表现反应动作的保定法。

4. 叩诊

叩诊是对犬猫体表的某一部位进行叩击，根据所产生的音响的性质来推断内部病理变化或某些器官的投影轮廓。

（1）直接叩诊法是用手指或叩诊锤直接向犬猫体表的一定部位叩击的方法，用以判断其内容物性状、含气量及紧张度。

（2）间接叩诊法又分指指叩诊法与锤板叩诊法。本法主要适用于检查肺脏、心脏及胸腔的病变，也可用以检查肝、脾的大小和位置。

指指叩诊法：主要用于中、小犬猫的叩诊。通常以左手的中指紧密地贴在检查部位上（用作叩诊板），用由第二指关节处呈 90°屈曲的右手中指做叩诊锤，并以右腕做轴而上、下摆动，用适当的力量垂直地向左手中指的第二指节处进行叩击。

锤板叩诊法：用叩诊锤和叩诊板进行叩诊，通常适用于大型犬猫。一般用左手持叩诊板，将其紧密地放于检查的部位上，用右手持叩诊锤，以腕关节做轴，将锤上、下摆动并垂直地向叩诊板上连续叩击 2～3 次，以听取其音响。

叩诊的基本音调有三种：

清音，如叩诊正常肺部发出的声音。

浊音，如叩诊厚层肌肉发出的声音。

鼓音，如叩诊含气较多的部位发出的声音。

在三种基本音调之间，可有程度不同的过渡阶段，如半浊音等。叩诊时应注意用力的强度，对于深在的器官、部位及较大的病灶，应用强叩诊；反之应用轻叩诊。为了便于集音，叩诊最好在室内进行；为利于听觉印象的积累，每一叩诊部位应进行 2～3 次间隔均等的相同叩击。

叩诊板应紧密地贴于犬猫体壁的相应部位上。对于消瘦犬猫，应注意不要将叩诊板横放于其两条肋骨上；对于长毛犬猫，应将其被毛拨开。

叩诊板不应过于用力压迫体壁，除叩诊板（指）外，其余手指不应接触犬猫体壁，以免影响振动和音响。

叩诊锤应垂直地叩在叩诊板上，叩诊锤在叩打后应快速离开。

为了均等地掌握叩诊用力的强度，叩诊的手应以腕关节为轴，轻轻地上、下摆动进行叩击，不应强加臂力。

在相应部位进行对比叩诊时，应尽量做到叩击的力量、叩诊板的压力以及犬猫的体位等都相同。

要注意及时更换叩诊锤的胶头，以免叩诊时发生锤板的特殊碰击音，从而影响准确判断。

5. 听诊

听诊是听取患病犬猫某些器官在活动过程中所发出的声音，借以判定其病理变化的方法。

（1）直接听诊法：先在犬猫体表放一听诊布，然后用耳直接贴在犬猫体表的检查部位进行听诊。检查者可根据检查的目的采取适宜的姿势。

（2）间接听诊法：应用听诊器在待检器官的体表相应部位进行听诊。

听诊时应注意：

（1）为了排除外界音响的干扰，应在安静的室内进行。

（2）听诊器两耳塞与外耳道的相接要松紧适当，过紧或过松都会影响听诊的效果。听诊器的集音头要紧密地放在犬猫体表的检查部位，并要防止滑动。听诊器的胶管不要与手臂、衣服、犬猫被毛等接触、摩擦，以免产生杂音。

（3）听诊时要聚精会神，同时注意犬猫的活动与动作，如听诊呼吸音时要注意呼吸动作，听诊心脏时要注意心搏动等。还应注意与传导来的其他器官的声音相鉴别。

（4）听诊胆怯易惊或性情暴烈的犬猫时，要由远而近地逐渐将听诊器集音头移至听诊区，以免引起犬猫的反抗。听诊时仍须注意安全。

二、全身状态的观察

1. 精神状态

主要观察犬猫的神态，根据其耳、眼的活动，面部表情及各种反应、动作进行判定。

健康犬猫表现为头耳灵活，眼光明亮，反应迅速，行动敏捷，被毛平顺且富有光泽。幼犬猫则显得活泼好动。

患病犬猫则表现为以下状态。

①抑制状态：一般表现为耳聋头低，眼半闭，行动迟缓或呆然站立，对周围淡漠而反应迟钝；重者可见嗜睡或昏迷。

②兴奋状态：轻者左顾右盼、惊恐不安；重者不顾障碍地前冲、后退，狂躁不驯。

2. 营养状况

主要根据肌肉的丰满程度、皮下脂肪的蓄积量及被毛情况来判定犬猫的营养状况。

健康犬猫营养良好，肌肉丰满，骨骼棱角不显露，被毛光滑平顺。

患病犬猫多表现为营养不良，体形消瘦，骨骼表露明显，被毛粗乱无光，皮肤缺乏弹性。常常将营养状况分为营养良好、营养中等和营养不良三种程度。

在兽医临床上，主要使用体况评分（body condition scoring，BCS）来判断宠物的营养状况。BCS是一种用分值来评价宠物营养程度的方法，主要靠视觉和触觉进行判断。常用的BCS系统有5分制和9分制，因此在报告时应使用分数形式表明所采用的分制，如3/5、7/9。

在评估犬猫营养状况时主要采用视诊和触诊，应重点检查以下部位：

（1）骨骼，包括肋骨、脊柱和髋骨。观察骨骼是否明显显露，触摸时是否棱角突出。

（2）皮下脂肪和肌肉。

主要触诊肩部、肋骨和脊柱部位，感知脂肪厚度及肌肉厚实程度。

（3）腰部和腹部轮廓。

视诊检查腰部轮廓是否显著，腹围大小、腹部皮肤皱褶是否可见。

犬和猫的判断标准稍有不同。但无论是犬还是猫，也不管是用5分制还是9分制，得分越高，表示越肥胖。BCS系统中，1分表示最瘦，满分意味着最胖，及格线（3/5、5/9）才是最理想的身材。犬猫体况得分见表2-1。

表2-1　犬猫体况得分

评判结果	得分	犬体况	猫体况
偏瘦	1	从一定距离观察，肋骨、腰椎、骨盆骨和所有骨骼突起明显；无可视脂肪存在，肌肉量明显缺少	短毛猫肋骨可视，无可触及的脂肪；腹部皱褶极多，腰椎容易触及
	2	容易看到肋骨、腰椎和骨盆骨，无可触及的脂肪；其他骨骼有一些突起	短毛猫肋骨容易看到，腰椎明显且有少量肌肉，腹部皱褶明显，无可触及的脂肪
	3	肋骨容易触及且可视，无可触及的脂肪；腰椎上部可视，骨盆骨突起；腰部和腹部皱褶明显	肋骨容易触及，有少量脂肪覆盖；腰椎明显；肋弓后腰部明显；腹部有少量脂肪
	4	肋骨容易触及，有少量脂肪覆盖；从上观察腰部容易看出，腹部皱褶明显	肋骨可触及，有少量脂肪覆盖，肋弓后腰部明显，腹部有少量皱褶，无腹部脂肪垫
理想	5	肋骨可触及且无过多脂肪覆盖；从上观察腰部容易看出，侧面观察腹部收起	体型匀称，可观察到肋弓后腰部，肋弓可触及，有轻度脂肪覆盖，腹部有少量脂肪
偏胖	6	肋骨可触及，脂肪覆盖轻度过多；从上观察腰部可辨出，但不显著；腹部皱褶可见	肋骨可触及，有轻度过多脂肪覆盖，腰部和腹部脂肪垫可辨但不明显，腹部皱褶缺失
	7	肋骨触及困难，覆盖脂肪过多；腰区和尾根脂肪沉积明显，腰部不可见或勉强可视；腹部皱褶可能看得见	肋骨不容易触及，有中度脂肪覆盖；腰部不易辨认；腹部明显变圆；腹部脂肪垫厚度中等
	8	肋骨由于覆盖过多脂肪而无法触及，或施加一定压力可触及；腰部和尾根脂肪沉积过多，腰部不可见；无腹部皱褶，腹部可能出现明显膨大	肋骨由于覆盖过多脂肪而不能触及；腰部不可见；腹部明显变圆，且有显著的脂肪垫；腰部出现脂肪沉积
	9	胸部、脊柱和尾根脂肪过度沉积，腰部和腹部皱褶缺失，颈部和四肢脂肪沉积，腹部明显膨大	肋骨无法触及，覆盖大量脂肪；腰部、面部和四肢脂肪大量沉积；腹部膨大，无法看到腰部；腹部脂肪过度沉积

3. 发育状况

犬猫发育状况主要根据骨骼的发育程度及躯体的大小而定。

健康犬猫发育良好,体躯发育与年龄相称,肌肉结实、体格健壮。

发育不良犬猫可表现为躯体矮小,发育程度与年龄不相称;幼犬猫多表现为发育迟缓甚至发育停滞。

4. 躯体结构

主要注意患病犬猫的头、颈、躯干及四肢、关节各部的发育情况及其形态、比例关系。

健康犬猫的躯体结构紧凑而匀称,各部的比例适当。

患病犬猫可表现为:

①单侧的耳、眼睑、鼻、唇松弛、下垂,从而导致头面歪斜(如面神经麻痹)。

②头大颈短、面骨膨隆、胸廓扁平、腰背凸凹、四肢弯曲、关节粗大。

③腹围极度膨大,胁部胀满(如肠臌气)。

5. 姿势与步态

主要观察患病犬猫表现的姿势特征。

犬猫主要有站立、蹲、卧三种姿势,健康犬猫姿势自然,动作灵活而协调,生人接近时迅速起立,或主动接近,或逃避。

典型的异常姿势有以下几种。

全身僵直:表现为头颈挺伸,肢体僵硬,四肢不能屈曲,尾根挺起,呈木马样姿势(如破伤风)。

异常站立姿势:两前肢交叉站立且长时间不改换(如脑室积水);单肢悬空或不敢负重(如跛行);两前肢后踏、两后肢前伸且四肢集于腹下(如蹄叶炎)。

站立不稳:躯体歪斜或四肢叉开,依靠墙壁而站立。

骚动不安:回视腹部,伸腰摇摆,时起时卧。

步态异常:常见的有各种跛行,步态不稳,四肢运步不协调,或呈蹒跚、跄踉、摇摆、跌晃而似醉酒状(如脑脊髓炎症)。

三、被毛和皮肤的检查

1. 鼻镜检查

鼻镜检查通过视诊、触诊检查做出判定。

健康犬猫鼻镜或鼻盘均湿润,并附有少量水珠,触之有凉感。

患病犬猫可表现为鼻镜或鼻盘干燥与增温,甚至龟裂。

2. 被毛检查

被毛检查主要通过视诊观察被毛的清洁、光泽、脱落情况。

健康犬猫的被毛平顺而富有光泽,每年春秋两季适时脱换新毛。

患病犬猫可表现为被毛蓬松粗乱,失去光泽,易脱落或换毛季节推迟。

检查被毛时,要注意被毛的污染情况,尤其注意污染的部位(体侧或肛门、尾部)。

3. 皮肤检查

皮肤检查主要通过视诊和触诊进行。

（1）颜色。

白色皮肤的犬猫易于检查颜色，患病犬猫的皮肤会有小点状出血（指压不褪色），较大的红色充血性疹块（指压褪色），皮肤青白或发绀。

（2）温度。

用手或手背触诊检查，犬、猫可检查耳根、腹部的皮温。

患病犬猫可表现为全身皮温的增高或降低，局部皮温的升高或降低，或皮温分布不均。

（3）湿度。

通过视诊和触诊进行，可见有出汗与干燥现象。

（4）弹性。

检查皮肤弹性的部位，犬猫可在背部。

检查方法：将皮肤提成皱褶后再放开，观察其恢复原状的情况。健康犬猫放手后立即恢复原状。当皮肤弹性降低时，放手后恢复缓慢。

（5）丘疹、水泡和脓疱。

检查时应注意被毛稀疏处以及眼周围、唇、趾间等处。

4.皮下组织的检查

犬猫皮下或体表有肿胀时，应注意肿胀部位的大小、形状，并通过触诊判定其内容物性状、硬度、温度、移动性及敏感性等。

常见的肿胀类型有以下几种。

皮下浮肿：表面扁平，与周围组织界限明显，用手指按压时有生面团样的感觉，留有指压痕，且较长时间不易恢复，触诊时无热、无痛；炎性肿胀则有热、痛，有或无指压痕。

皮下气肿：边缘轮廓不清，触诊时发出捻发音（沙沙声），压迫时有向周围皮下组织窜动的感觉。颈侧、胸侧、肘后的皮下气肿多为窜入性，局部无热痛反应；而有厌气性细菌感染时，气肿局部有热痛反应，且局部切开后会流出混有泡沫的腐败臭味液体。

脓肿及淋巴外渗：外形多呈圆形突起，触之有波动感，脓肿可触到较硬的囊壁，可用穿刺法进行鉴别。

疝：触之有波动感，可通过触到疝环及整复试验而与其他肿胀相鉴别。犬猫多发生腹壁疝。

四、眼结合膜的检查

首先观察眼睑有无肿胀、外伤及眼分泌物的数量、性质，然后打开眼睑进行检查。犬、猫的眼结膜一般呈淡红色，猫比犬的要深些。

眼结合膜颜色的病理变化可表现为潮红（可呈现单眼潮红、双眼潮红、弥漫性潮红及树枝状充血）、苍白、黄染、发绀及出血（出血点或出血斑）。

检查眼结合膜时最好在自然光线下进行，因为红光下不易识别黄色，检查时动作要快，且不宜反复进行，以免引起充血。应对两侧眼结合膜进行对照检查。黏膜颜色评估见表2-2。

表 2-2　黏膜颜色评估

颜色	发病机理	病因
粉色	正常	外周组织灌注/氧合充足
苍白	贫血,灌注不良,血管收缩	血液丢失、休克、外周血流下降
蓝色(发绀)	还原血红蛋白增多或异常血红蛋白血症	呼吸道阻塞、肺淤血、肺水肿、右心衰竭、苯胺药物中毒等
黄色(黄疸)	血清胆红素积聚,胡萝卜素增高,或长期服用黄色素药物(如呋喃类)	肝脏或胆管疾病和/或溶血
红褐色	高铁血红蛋白血症	对乙酰氨基酚中毒,血管内溶血
淤点(红色斑点)	凝血紊乱	血小板疾病、DIC、凝血因子缺乏

五、浅表淋巴结的检查

浅表淋巴结的检查主要通过触诊进行,检查时应注意其大小、形状、硬度、敏感性及在皮下的可移动性。

犬猫可检查颌下、耳下、肩前、腹股沟淋巴结等。

淋巴结的病理变化如下。

急性肿胀:淋巴结体积增大,并有热痛反应,常较硬,化脓后会有波动感。

慢性肿胀:多无热痛反应,较坚硬,表面不平,且不易向周围移动。

六、体温、脉搏及呼吸数的测定

1.体温的测定

犬猫体温的测定一般测直肠温度。首先甩动体温计,使水银柱降至 35 ℃ 以下;将体温计用酒精棉球擦拭消毒并涂以润滑剂后再使用。应对被检犬猫进行适当的保定。测温时,检查者站在犬猫的左后方,以左手提起其尾根部并稍推向对侧,右手持体温计,经肛门慢慢捻转插入直肠中,再将带线绳的夹子夹于尾毛上。经 3～5 min 后取出体温计,用酒精棉球擦除粪便或黏附物后读取度数。用后再甩下水银柱并放入消毒瓶内备用。

测温时应注意:体温计在用前应统一进行检查、验证,以防有过大的误差。对于门诊的患病犬猫,应使其适当休息,待其安静后再测。患病犬猫应每日定时(午前与午后各一次)测温,并逐日绘成体温曲线表。

测温时要注意犬猫安全,体温计的玻璃棒插入的深度要适宜(大型犬猫可插入体温计全长的 2/3)。

注意避免产生误差,用前须甩下体温计的水银柱;测温的时间要适当(按体温计的规格要求);勿将体温计插入宿粪中;对于肛门松弛的母犬猫,可测阴道温度,但是,通常阴道温度较直肠温度稍低(0.2～0.5 ℃)。

2.脉搏数的测定

测定每一分钟脉搏的次数,以次/分表示。

犬猫可在后肢股内侧的股动脉处检查。检查脉搏时,应待犬猫安静后再测定,一般应检测一分钟;当脉搏过弱而不感于手时,可用心跳次数代替。

3.呼吸次数的测定

测定每分钟的呼吸次数,以次/分表示。

一般可根据犬猫胸腹部起伏动作来测定。检查者站在犬猫的侧方,注意观察其腹胁部的起伏,一起一伏为一次呼吸。在寒冷季节也可通过观察呼出气流来测定。测定呼吸次数时,应在犬猫休息、安静时检测,一般应检测一分钟。应注意,观察犬猫鼻翼的活动或将手放在鼻前感知气流的测定方法不够准确。必要时可用听诊肺部呼吸音的次数来代替。

犬猫正常体温、脉搏数及呼吸次数如下:

(1)幼犬的正常体温为 38.2～39.2 ℃,成年犬为 37.5～38.7 ℃,成年猫为 38.1～39.2 ℃。

(2)正常犬的脉搏数为 60～70 次/分,小型犬为 180 次/分,猫为 110～240 次/分。

(3)正常犬的呼吸次数为 14～20 次/分,猫为 14～20 次/分。

 思考题

1.记录实验犬的特征及整体及一般检查结果。

2.叙述犬猫基本检查的方法、内容及注意事项。

3.简述犬猫全身检查的内容及结果判定。

4.简述犬猫被毛及皮肤检查方法及内容。

5.简述犬猫眼结合膜及浅表淋巴结的变化及意义。

6.简述犬猫体温、脉搏数及呼吸次数的变化及意义。

实训三 血常规检查

一、血液常规检查

(一)血液的采集与处理

1.血液的采集

犬猫常在后肢外侧隐静脉和前肢皮下静脉(即头静脉)采血。后肢外侧隐静脉在后肢胫部下1/3的外侧浅表的皮下,由前侧方向后行走。抽血前,将犬猫进行固定,局部剪毛,用碘酒、酒精消毒皮肤。采血者左手拇指和食指握紧剪毛区近心端或用乳胶管适度扎紧,使静脉充盈,右手将接有 6 号或 7 号针头的注射器迅速刺入静脉,左手放松,将针头固定,以适当速度抽血(图 3-1)。采集前肢皮下头静脉血的操作方法基本相同(图 3-2)。如需采集颈静脉血,则取侧卧位,局部剪毛消毒。将犬猫颈部拉直,使其头尽量后仰。用左手拇指压住近心端颈静脉入胸部位的皮肤,使颈静脉怒张,右手持注射器,针头沿血管平行方向,由远心端刺入血管(图 3-3)。静脉在皮下易滑动,针刺时除用左手固定好血管外,刺入要准确,取血后注意压迫止血。

图 3-1 后肢外侧隐静脉采血 图 3-2 前肢皮下头静脉采血

图 3-3 颈静脉采血

2. 血样的保存

采集血液后，最好立即进行检验，或放入冰箱中保存，夏天在室温放置不得超过 24 h。不能立即检验的，应将血片涂好并固定。需用血清的，采血时不加抗凝剂，采血后将血液置于室温或 37 ℃恒温箱中，血液凝固后，将析出的血清移至容器内冷藏或冷冻保存。需用血浆者，采抗凝血，将其离心（3000～4000 r/min）5～10 min，吸取血浆冷冻保存。注意，进行血液电解质检测的血样，血清或血浆不应混入血细胞或溶血。血样保存期限见表 3-1。

表 3-1　血液检验项目与血样保存时间

检查项目	保存时间/h
红细胞计数	24
白细胞计数	3
白细胞分类计数	2
血小板计数	1
血红蛋白含量测定	48
血细胞比容测定	24
网织红细胞计数	2～3

3. 血液的抗凝

临床上应根据检查项目来选用不同种类的抗凝剂。所选用的抗凝剂要求溶解快、接近中性、不影响测定结果。进行血液常规检验及全血分析时，应加入一定量的抗凝剂，防止血液凝固。实验室常用的抗凝剂主要有乙二胺四乙酸（EDTA）盐、枸橼酸盐、肝素等。

（二）血涂片的制备及染色

1. 血涂片的制备

血涂片用于白细胞分类计数，评价血小板数量和评价红细胞、白细胞和血小板的形态。其制备步骤如下。

选片：选取一张边缘光滑的载玻片作为推片。

推片：用左手的拇指和中指（或食指）夹持一张洁净载玻片的两端，取一滴被检血液（最好是新鲜的、未加抗凝剂的血液），置于载玻片的右端，右手持推片（将载玻片一端的两角磨去即可，也可用血细胞计数的盖片作为推片）置于血滴前方，并轻轻向后移动推片，使之与血液接触，待血液扩散开后，再以 30°～45°角度向前匀速推进，即形成血膜（图 3-4）。

目测：良好的血片，其头、体、尾明显呈火焰状，血液分布均匀、厚薄适宜，血膜边缘整齐，并留有一定空隙，对光观察呈霓虹色。待血膜自然风干后，于载玻片两端留有空隙处注明动物种类、编号、日期等，即可进行染色。

2. 血涂片的染色

（1）瑞氏染色法。

瑞氏染料是由酸性染料伊红和碱性染料亚甲蓝组成的复合染料。各种细胞成分的化学性质不同，对各种染料的亲和力也存在差异，因此，染色后可观察到不同的细胞呈现不同的颜色。如细胞中的嗜酸性物质（血红蛋白、嗜酸性颗粒为碱性蛋白质）可与酸性染料伊红结合，染成红

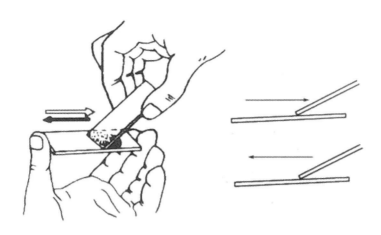

图 3-4　血涂片的制备

色;嗜碱性物质(细胞核蛋白和淋巴细胞胞质为酸性)与碱性染料亚甲蓝或天青结合,染成紫蓝色或蓝色。

染色方法:先用玻璃铅笔在血膜两端各画一竖线,以防染液外溢,将血涂片平置于水平染色架上,在血涂片上滴加瑞氏染色液,以将血膜盖满为宜。待染色 1~2 min 后,再加等量磷酸盐缓冲液(pH 值 6.4~6.8)或蒸馏水,轻轻摇动或用洗耳球轻轻吹动,以使染色液与缓冲液混合均匀,继续染色 3~5 min。最后用蒸馏水或清水冲洗血涂片,自然干燥或用吸水纸吸干,待检。所得血涂片呈樱桃红色者为佳。

(2)迪夫快速染色法。

迪夫快速染色法是在瑞氏染色法的基础上改良而来的一种快速染色方法,是细胞学检查中常用的染色方法之一。该染色液染色结果与瑞氏染色液极其相似,但迪夫快速染色所需的时间极短,一般 90 s 以内即可完成染色。

迪夫快速染色液含固定液,主要用于血细胞涂片、骨髓涂片、阴道分泌物涂片、脱落细胞涂片。迪夫快速染色可用于批量浸染,且背景清晰、无沉渣。操作方法如下:制备血液涂片,自然干燥或用酒精灯火焰处理或用迪夫快速固定液固定 20 s;Diff-Quik I 染色 5~10 s;Diff-Quik II 染色 10~20 s;水洗后立即在显微镜下观察。

(三)各类血细胞的计数

1. 红细胞计数

红细胞计数是指计算单位体积血液中所含红细胞的数目。其计数方法有显微镜计数法、光电比浊法、电子计数仪计数法等,目前兽医临床多采用电子计数仪计数法或显微镜计数法,显微镜计数法是将一定量的供检血液稀释一定倍数后(200 倍或 400 倍),滴入计数室,在显微镜下计数,经换算即可求得 1 μL 血液中的红细胞数,并可依此计算出每升血液中的红细胞数。

2. 白细胞计数

白细胞计数是指计算单位体积血液内所含的白细胞总数。一定量的血液经 1%~3% 冰醋酸处理后,血液中的红细胞被破坏(家禽的红细胞不能被冰醋酸所破坏),仅保留白细胞,对 1 mm³ 血液中的白细胞进行计数,再推算出每升血液中的白细胞数,其计数原理与红细胞相似。

3. 血小板计数

用尿素溶解红、白细胞而保存完整形态的血小板,直接在血细胞计数室内进行计数。健康犬的血小板数为 20 000～90 000 个/mm³。

（四）血凝功能测定

1. 出血时间

出血时间是指刺破皮肤毛细血管后,血液自然流出到自然停止所需的时间。正常犬猫的出血时间参考值为 1～5 min。

出血时间延长是由于血小板明显减少(如弥散性血管内凝血)。血小板数量正常,但功能异常的血小板病有:遗传性血小板病,如血小板机能不全、血小板第 3 因子缺乏,多见于巴塞特猎犬和苏格兰猎犬;遗传性假血友病,也称维勒布兰德氏病;获得性血小板病,如长期大量应用阿司匹林、头孢菌素、氨茶碱和新霉素,以及严重肝脏病、尿毒症、血管损伤、微血管脆性增加、严重凝血因子缺乏、立克次氏体病等。

出血时间缩短见于某些严重的血栓病。

2. 活化凝血时间(ACT)

活化凝血时间(ACT)检验是一种简单、便宜的扫描检验固有和共同的凝血系统的方法。犬:60～110 s。猫:50～75 s。一般 90～120 s 定为可疑,超过 120 s 为异常。

活化凝血时间延长见于维生素 K_1 依赖性凝血因子I、VI、X、X 减少(必须低于正常值的 5%);血浆纤维蛋白原偏低(低于 0.5 g/L);血小板减少(小于 10×10^9 个/L,稍微延长),弥散性血管内凝血和双香豆素类杀鼠药中毒;尿毒症、肝脏疾病(大部分凝血因子半衰期小于 2 d,故肝病易使凝血因子活性发生改变);维生素 K 缺乏等。

3. 凝血酶原时间(PT)

凝血酶原时间(PT)是指在血浆中加入组织凝血激酶和钙离子后,纤维蛋白凝块形成所需的时间。犬:5.1～7.9 s,猫:8.4～10.8 s。

凝血酶原时间延长见于凝血因子I、II、V、VI(比格犬)和纤维蛋白原缺乏(低于正常值的 30%),多见于严重肝病(犬传染性肝炎、泛发性肝纤维化)、胆汁缺乏、脾肿瘤、维生素 K 缺乏或不吸收,摄入含双香豆素植物或用肝素量多、弥散性血管内凝血、长期或大剂量应用阿司匹林。

凝血酶原时间缩短见于先天性凝血因子增多症,如因子 V 增多症、高凝状态和血栓病等。

4. 凝血酶时间(TT)

凝血酶时间(TT)是指在新鲜血浆中加入凝血酶和钙离子后,纤维蛋白丝形成所需的时间。犬猫一般为 9～30 s。

凝血酶时间延长见于血纤维蛋白原偏低(低于 1.0 g/L)或损伤了血纤维蛋白原机能,以及进行性肝病;有抑制凝血酶的抑制物存在,如纤维蛋白降解产物(弥散性血管内血凝)和肝素等。

凝血酶时间缩短常见于血样本有微小凝块,或存在钙离子。

5. 部分凝血活酶时间(PTT)和活化部分凝血活酶时间(APTT)

PTT 是指在血浆中加入凝血因子 MI 启动后,纤维蛋白凝块形成所需的时间。APTT 是内源性凝血因子缺乏最可靠的筛选检验项目。PTT：犬 18～29 s，猫 32～40 s。APTT：犬 8.6～12.9 s，猫 13.7～30.2 s。

APTT 延长：除凝血因子Ⅰ和血小板减少外，见于其他任何固有凝血因子的缺乏。如遗传性假血友病、脾肿瘤、肝病、新生动物溶血病、口服抗凝药物、应用肝素等。

APTT 缩短见于高凝状态，如弥散性血管内凝血早期；血栓性疾病，如糖尿病伴血管病变、肾病综合征、严重烧伤等。

（五）血细胞分析仪及其应用

血液细胞分析仪又名血细胞分析仪，已成为宠物医院临床检验的必备仪器，产品也从三分类升级到五分类。三分类的仪器可将白细胞分为淋巴细胞、单核细胞、粒细胞；五分类的仪器则将白细胞分为淋巴细胞、单核细胞、中性粒细胞、嗜酸性粒细胞、嗜碱性粒细胞。血细胞分析仪目前已广泛应用于宠物临床诊疗。下面以迈瑞 Vet 2800 动物血细胞分析仪为例，对该类仪器的操作进行简要介绍。

（1）开机前的准备。

检查试剂是否充足，有无过期；试剂管路是否弯折，连接是否可靠；废液桶是否清空。

（2）开机。

打开分析仪的电源开关，初始化过程持续 4～7 min 后，系统自动进入"计数"界面。

（3）本底检测。

检查"计数"界面下的本底计数结果是否满足下面的本底要求：

WBC$\leqslant 3.0\times 10^{8}$ 个/L；

RBC$\leqslant 3.0\times 10^{10}$ 个/L；

HGB$\leqslant 1$ g/L；

PLT$\leqslant 1.0\times 10^{10}$ 个/L。

（4）全血样本计数。

按"菜单"键，进入"动物"界面，选择需要分析的动物类型。按"菜单"键，进入"计数"界面。

在"计数"界面下，按"模式"键，将模式设置为"全血"。

采用 EDTA-K2 抗凝剂制备抗凝血样本（EDTA-K2 的用量为 1.5～22 mg/μL）。混匀抗凝血，将采样针放入混匀后的样本中。

按计数键，吸取样本后进行样本计数。分析结果稍后将在屏幕的分析结果区显示。

（5）预稀释样本计数。

按"菜单"键，进入"动物"界面，选择需要分析的动物类型。按"菜单"键，进入"计数"界面。

在"计数"界面下，按"模式"键，将模式设置为"预稀释"。

按"稀释液"键和计数键，从采样针中排出 1.6 μL 稀释液到样品杯中。

采集 20 μL 末梢血，立即注入盛有 1.6 μL 稀释液的样品杯中，混匀。放置 5 min 后再次混匀。将采样针放入稀释后的样本中，按计数键吸取样本后进行样本计数。分析结果稍后将在屏幕的分析结果区显示。

（6）关机。

按"菜单"键，进入"关机"界面，按照屏幕提示进行相应的操作。确认关机后，关闭分析仪开关。

二、各类血细胞的判读

(一)红细胞相关指标的判读

1. 红细胞(RBC)

哺乳动物外周血液里的红细胞基本上无细胞核。犬的血液量为 $78\sim88~\mu L/kg$,猫的血液量为 $62\sim66~\mu L/kg$。格雷伊猎犬(Greyhound)血液中的红细胞数目较多,其血细胞比容可达 60%。红细胞存活时间,犬为 $100\sim120$ d,猫为 $66\sim78$ d。采血检验中最常用的抗凝剂是 EDTA 二钠或 EDTA 二钾,其次是肝素锂和枸橼酸钠。

(1)红细胞相对增多。

红细胞相对增多由血浆量减少所致,动物机体内红细胞绝对数不变,临床上见于:

①呕吐、腹泻、大量出汗和多饮多尿所致的脱水,水的摄取减少,子宫蓄脓。

②外伤性休克、过敏性休克和急腹症休克等。

③脾脏兴奋性收缩,释放脾内的贮藏血细胞,使血细胞比容增加 $10\%\sim15\%$。

④大面积烧伤。

(2)红细胞绝对增多。

红细胞绝对增多(血浆量不变)见于:

①原发性红细胞增多症,包括骨髓增殖性紊乱或肿瘤、慢性肺心病、家族性和不明原因异常增多等。

②继发性红细胞增多症,是非造血系统疾病。一方面,由红细胞生成素代偿性增多引起,如慢性氧不足、地势高、慢性心脏或肺部疾病、心血管分路问题等;另一方面,由红细胞生成素非代偿性增多引起,见于肾肿瘤、肾盂积水、肾囊肿、一些内分泌紊乱如肾上腺皮质功能亢进等。

(3)红细胞正常减少。

正常幼年犬猫红细胞数较成年犬猫少(减少 $10\%\sim20\%$),其血红蛋白和红细胞比容相对也少。妊娠犬猫、老年犬猫、患低蛋白血症的犬猫,其红细胞也减少。

(4)红细胞丢失。

红细胞丢失引起红细胞减少,临床上见于:

①出血,分急性出血和慢性出血,内出血和外出血。

②溶血,包括血管内溶血和血管外溶血。血管内溶血见于细菌感染、红细胞内外寄生虫(如猫或犬血液巴尔通氏体、犬巴贝斯虫)、化学和植物毒物损伤、代谢紊乱、免疫介导性疾病(不相称的输血、新生犬自身免疫性溶血性贫血)、腔静脉综合征、低渗透压、铜和锌中毒、洋葱和大葱中毒、低磷血症、遗传性溶血性贫血(如丙酮酸激酶缺乏、果糖磷酸激酶缺乏)。血管外溶血见于脾功能亢进、球蛋白合成异常。

(5)红细胞生成减少。

红细胞生成减少一般表现为非再生性贫血或骨髓机能不全性贫血,分为以下几种。

①红细胞生成减少(降低增殖),见于红细胞生成素缺乏(肾疾患引起)、慢性炎症(如肝脏)、恶性肿瘤、多种感染(如埃里克体病、猫泛白细胞减少症、猫白血病病毒感染、猫免疫缺陷病毒感染、犬细小病毒病等)、细胞毒素性骨髓损伤、骨髓痨、骨髓纤维化、营养不良(如缺乏铁、

铜和维生素 B_{12} 及叶酸)、甲状腺功能降低和肾上腺皮质功能减退等。

②红细胞分化和成熟障碍,见于核酸合成障碍、血红素和珠蛋白合成缺陷。

③药物引起的减少,见于雌激素、氯霉素、保泰松及磺胺嘧啶中毒。

④相对减少,见于肝硬化,脾肿大,体内水钠潴留,血浆量增多。

2. 血细胞比容

血细胞比容有时也叫红细胞压积,是抗凝血在离心管内离心后获得的。图 3-5 为抗凝血离心结果,从上向下依次是血浆层、血小板层、白细胞及有核细胞层、还原血红蛋白层、红细胞层。

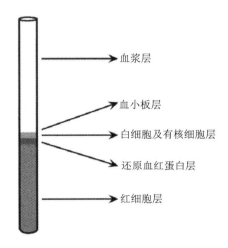

图 3-5　抗凝血离心结果

(1)临床意义。

血细胞比容测定的临床意义基本上相同于红细胞计数。血细胞比容增加见于脱水、原发性红细胞增多症、大面积烧伤等;减少见于各种贫血。

(2)血浆层的颜色变化。

血浆位于离心管的顶部,可用折射仪测定血浆蛋白浓度。血浆的颜色和透明度有助于诊断,应予以记录。正常的血浆清亮,呈淡黄色。混浊的血浆可记录为高血脂,这可能是病理状况,也可能是采血前动物没有适当禁食而产生的假象。血浆层呈淡红色可记录为溶血,这可能是样品采集、处理不当造成的,也可能是病理状况(如溶血性贫血)。血浆呈深黄色可记录为黄疸,常见于患肝脏疾病或溶血性贫血的动物。血浆颜色异常应引起注意,因为使用分光光度法测定血浆成分时,颜色可干扰化学分析。

3. 血红蛋白(HGB、Hb)

血红蛋白的临床意义基本上相同于红细胞。但动物贫血时,血红蛋白和红细胞的减少程度不一样。如发生严重低色素性贫血时,血红蛋白减少比红细胞明显;而发生大红细胞性贫血时,红细胞减少比血红蛋白明显。高脂血症常引起血红蛋白值增加。犬猫吃洋葱或大葱引起的溶血,发病初期血红蛋白增多,几天后就减少了。临床上同时检验红细胞和血红蛋白,对贫血类型的鉴别较有意义。

4. 平均红细胞体积（MCV）

MCV 是指单个红细胞的平均体积，单位为 fL。

增大：见于大红细胞性贫血。如再生性贫血时，骨髓活性增加，外周血液中未成熟红细胞增多，见于急性出血和溶血性贫血；维生素 B_{12} 和叶酸缺乏，引起巨红细胞性贫血；某些肝脏疾病、骨髓痨（全骨髓萎缩），一些骨髓增殖性疾病，以及猫白血病病毒引起的非再生性贫血。

减少：见于小红细胞性贫血。如铁缺乏和一些动物的铜缺乏，慢性失血引起的小红细胞低色素性贫血；尿毒症、慢性炎症或疾病（轻度减少）引起的单纯性小红细胞性贫血；门腔静脉分流；正常日本秋田犬和柴犬，其红细胞较其他品种犬小很多。

5. 平均红细胞血红蛋白量（MCH）

MCH 是指每个红细胞内所含血红蛋白的平均量，单位为 Pg。

增多：见于一些巨红细胞性贫血（维生素 B_{12} 和叶酸缺乏）和一些溶血，溶血性增多为假性增多。

减少：见于小红细胞性贫血，如铁、铜和维生素 B_6 缺乏，以及慢性失血、慢性炎症和尿毒症。

6. 平均红细胞血红蛋白浓度（MCHC）

MCHC 是指每升或每分升红细胞中所含血红蛋白克数，单位为克/升（g/L）或克/分升（g/dL）。

增多：见于免疫介导性贫血（球形红细胞增多）、脂血症和海恩茨小体增多时，另外，一些溶血或人为溶血，由于增加了细胞外血红蛋白，产生假性增多。

减少：铁缺乏和网织红细胞增多，见于慢性失血性贫血。

7. 红细胞体积分布宽度（RDW）

RDW 是反映外周血液中红细胞体积异质性的参数，即反映红细胞体积大小不等程度的客观指标。总之，其值增大，说明红细胞个体变化较大，如再生性贫血、缺铁性贫血等。缺铁性贫血时，RDW 有明显增大。RDW 对贫血诊断有重要意义。实验室检验多采用所测红细胞体积大小的变异系数 CV（CV＝标准差/平均值）来表示，即 RDW-CV；也有用标准差来表示的，即 RDW-SD。RDW-CV 参考值，犬为 $12.0\% \sim 21.0\%$，猫为 $14.0\% \sim 20.0\%$。RDW-SD 参考值，犬为 $26 \sim 44$ fL。

RDW 的临床意义如下：

①用于贫血的形态学分类（Bessman 分类法，表 3-2）。不同病因引起的贫血，红细胞形态学特点不同。Bessman 分类法按 MCV 和 RDW 两项参数将贫血分成六类，该分类法对贫血鉴别诊断有一定意义。

表 3-2　Bessman 分类法

MCV	RDW	贫血类型	常见疾病
正常	正常	正常红细胞均一性贫血	急性失血性贫血
	增大	正常红细胞非均一性贫血	再生障碍性贫血、葡萄糖-6-磷酸脱氢酶缺乏症

续表

MCV	RDW	贫血类型	常见疾病
增大	正常	大红细胞均一性贫血	部分再生障碍性贫血
	增大	大红细胞非均一性贫血	巨幼红细胞性贫血、骨髓增生异常综合征
减小	正常	小红细胞均一性贫血	珠蛋白生成障碍性贫血、球形红细胞增多症等
	增大	小红细胞非均一性贫血	缺铁性贫血

②用于缺铁性贫血的早期诊断和疗效观察。在缺铁早期,MCV仍在参考值范围时,RDW增大。当MCV减小时,RDW增大更显著。给铁治疗有效后,RDW先是增大,随后逐渐降到参考值范围。产生这种现象的原因是补铁后产生的网织红细胞和正常红细胞与给铁前的小红细胞并存,随着正常红细胞增多,网织红细胞和小红细胞减少,RDW逐渐变得正常。另外,缺铁性贫血与珠蛋白生成障碍性贫血的区别在于,前者RDW变大,后者RDW基本正常,但两者MCV均变小。

(二)白细胞相关指标的判读

1. 中性粒细胞

中性粒细胞具有活跃的变形运动和吞噬功能,起重要的防御作用。其吞噬对象以细菌为主,也吞噬异物。

增多:中性粒细胞正常生活周期为6~12 h(平均8 h),全部中性粒细胞更新需要2~2.5 d。犬超过11.50×10^9个/L,猫超过12.50×10^9个/L为增多。

(1)生理性反应(肾上腺素导致),如害怕、疼痛、奔跑、打架等。中性粒细胞暂时从边缘池释放出来,核不左移,只维持10~20 min,淋巴细胞也增多,一般不超过1.5×10^9个/L。

(2)应激(内源性皮质类固醇的释放),以分叶核中性粒细胞增多为主,单核细胞也增多;淋巴细胞和嗜酸性类细胞减少。

(3)组织损伤或坏死(需要中性粒细胞来吞噬损伤组织),如烧伤、梗死、栓塞、感染、真菌和寄生虫、恶性肿瘤、免疫复合物疾病、内毒素血症、尿毒症、雌激素中毒(早期阶段)、急性昆虫毒和蛇毒中毒。

(4)急性或慢性溶血反应和失血性紊乱。

(5)骨髓增殖性疾病,如红细胞真性增多症、骨髓纤维化症初期等。

(6)患有颗粒细胞白血病时,一般中性粒细胞超过50.0×10^9个/L。

(7)铁缺乏虽能引起非再生性贫血,但也可引起红细胞生成素分泌增多,使血小板生成增多,出现大血小板,同时使中性粒细胞生成增多。

减少:犬少于3.00×10^9个/L,猫少于2.50×10^9个/L为减少,减少到1.00×10^9个/L时,可引发皮肤、黏膜,甚至肺脏、尿路等感染。

(1)加速中性粒细胞丢失或使用。

①利用和死亡。

a.过量使用,急性制止细菌感染或严重炎症。

　　b.中性粒细胞转移至边缘池中(假性中性粒细胞减少症),见于过敏反应、内毒素血症、病毒血症。

　　c.脾功能亢进和门脉性肝硬化。

　　②自身免疫性疾病,如系统性红斑狼疮。

　　(2)中性粒细胞的生成或再生障碍性贫血。

　　①感染:病毒(猫白血病、猫免疫缺陷病、犬细小病毒病、猫泛白细胞减少症)、细菌(沙门氏菌、大肠杆菌等)感染、原生动物(弓形虫)感染。

　　②化学损伤:欧洲蕨中毒、雌激素中毒(后阶段)、细胞毒素药物(癌症化学治疗),以及氯霉素、灰黄霉素、头孢菌素、苯巴比妥、保泰松和磺胺类慢性中毒(引起杜宾犬的各种细胞减少)。

　　③放射性损伤。

　　④骨髓紊乱:发育不全性贫血、骨髓痨、骨髓增殖性疾病(见于其他白血病)、骨髓中形成细胞机能减弱(骨髓纤维化)。

　　⑤遗传因素:周期性造血症(灰柯利犬的中性粒细胞减少症和维生素 B_{12} 吸收不足)。

2. 淋巴细胞(LYM)

　　小淋巴细胞的直径为 $7\sim9~\mu m$,核致密,有轻度凹陷,染色质粗糙聚集,细胞质极少,呈淡蓝色。染色中心(或致密的染色质区域)不易与核仁相混淆,染色质在细胞核内呈深染团块。中淋巴细胞和大淋巴细胞的直径为 $9\sim11~\mu m$,胞浆较多,胞浆内可能含有红紫色颗粒。正常淋巴细胞有核仁环,可能较大,难以和肿瘤样淋巴细胞相鉴别。在外周血液里循环的淋巴细胞,小部分来源于骨髓(B 淋巴细胞,占 30%),大部分来源于胸腺、脾和外周淋巴组织(T 淋巴细胞,占 70%)。

　　增多:犬超过 5.0×10^9 个/L,猫超过 7.0×10^9 个/L。

　　(1)生理性淋巴细胞增生,见于正常的幼犬猫(可达 $5.7\sim6.1\times10^9$ 个/L,比成年犬猫多)和疫苗注射后或病愈后(如感染细小病毒治愈后),以及经历恐惧、兴奋等刺激时释放肾上腺素引起。猫此时淋巴细胞增多可达 $6.0\times10^9\sim20.0\times10^9$ 个/L。

　　(2)慢性感染,见于结核病、布鲁氏菌病、过敏、自体免疫性疾病(自身免疫性贫血、系统性红斑狼疮)等。发生慢性炎症时,中性粒细胞增多,核左移,淋巴细胞增生,单核细胞也增多,并有球蛋白和血纤维蛋白原增多。

　　(3)肾上腺皮质功能不全,但此时嗜酸性粒细胞增多。

　　(4)淋巴内皮系统瘤,如淋巴白血病、淋巴肉瘤。此时淋巴细胞增多,个体也大。

　　(5)某些血液寄生虫感染,如巴贝斯虫病、泰勒氏血细胞内原生虫病、锥虫病。

　　减少:犬少于 1.00×10^9 个/L,猫少于 1.50×10^9 个/L。

　　(1)内源性的皮质类固醇释放。

　　①应激:衰弱性疾病、外伤、外科手术、疼痛、捕捉、休克,此时淋巴细胞为 0.75×10^9 $\sim1.50\times10^9$ 个/L。

　　②肾上腺皮质功能亢进。

　　(2)外源性的皮质类固醇或促肾上腺皮质激素偏高治疗。

　　(3)淋巴丢失,反复排出乳糜,见于蛋白质丢失性肠病、肠淋巴管扩张症、营养不良。

　　(4)淋巴细胞生成受损,见于免疫抑制性细胞毒药物(包括皮质类固醇)的应用、化学疗法、X 射线照射和猫白血病、淋巴肉瘤。

(5)先天性缺陷,T 细胞免疫缺乏。

(6)感染:病毒(犬瘟热、犬细小病毒病、猫传染性腹膜炎、猫白血病、免疫缺陷病、犬传染性肝炎)、埃立克体、立克次氏体、原生动物(弓形虫)感染等。

3.单核细胞(MONO)

单核细胞较大,含有多形态的细胞核。细胞核有时呈肾豆形,通常伸长并分叶。单核细胞的核染色质较嗜中性粒细胞松散,胞浆呈蓝灰色,可能含有空泡或细小的粉色颗粒。单核细胞可能难以和杆状嗜中性粒细胞、大淋巴细胞或中毒晚幼嗜中性粒细胞相区分。如果不存在核左移,疑似的细胞很可能是单核细胞。

增多:生理性增多,一般幼犬猫稍多些。犬超过 1.35×10^9 个/L,猫超过 0.85×10^9 个/L为增多。

(1)内源性的皮质类固醇释放。

①应激:见于各种应激。

②肾上腺皮质功能亢进。

(2)急性和慢性炎症(子宫蓄脓、关节炎、膀胱炎、骨髓炎、前列腺炎)、慢性脓肿、贫血。尤其是急性炎症,后期增多明显。

(3)体腔化脓性炎症。

(4)坏死和恶性疾病、单核细胞白血病、免疫性疾病。

(5)内出血或溶血性疾病(网状内皮增殖)和免疫过程紊乱,如自身免疫性溶血性贫血。

(6)肉芽肿性疾病(结核病)、真菌感染(组织胞浆菌病、隐球菌病等)、埃立克体病、布鲁氏菌病、绿脓杆菌感染、原生动物感染(巴尔通氏体病)和犬恶丝虫病。

减少:无临床意义。

4.嗜酸性粒细胞(EOS)

嗜酸性粒细胞的细胞核与嗜中性粒细胞相似,但染色质通常不如后者粗糙。不同种类的动物,其嗜酸性粒细胞的颗粒形态不同。犬嗜酸性粒细胞内通常含有不同大小的颗粒,着色不如其他动物深。其他动物的嗜酸性粒细胞颗粒通常呈血红蛋白的颜色。猫嗜酸性粒细胞颗粒呈小棒状,数量很多。嗜酸性粒细胞具有调整迟发型和速发型过敏反应,杀灭寄生虫和有可能的吞噬细菌、支原体和酵母菌等作用。EOS 在血液中的游走时间为 24～35 h。

增多:犬超过 1.00×10^9 个/L,猫超过 1.50×10^9 个/L。

(1)过敏性紊乱,包括皮肤、呼吸道、消化道或雌性生殖道过敏等,表现为轻度或中度增多。抗凝血药物过敏,如双香豆素类灭鼠药中毒,也可能造成 EOS 增多。

(2)体内外寄生虫病引起的动物反应,尤其是内寄生虫表现明显,可增多 10% 以上,如肺吸虫等。

减少:犬少于 0.10×10^9 个/L 为减少,正常猫缺少此细胞。完全消失则表示病情严重。

(1)内源性皮质类固醇的释放。

①应激:疾病衰弱、中毒、外科手术、疼痛、捕捉、休克等。应激只使嗜酸性粒细胞减少 4～8 h,24 h 后恢复正常。

②肾上腺皮质功能亢进。

(2)外源性皮质类固醇或促肾上腺皮质激素治疗。

(3)淋巴肉瘤。

5.嗜碱性粒细胞(BASO)

嗜碱性粒细胞具有调整迟发型和速发型过敏反应、释放肝素和组织胺等的作用。进入组织(包括血液)的 BASO 能生存 10～12 d。

增多:犬猫超过 0.20×10^9 个/L。

(1)心丝虫病(犬恶丝虫病)、骨髓增殖或纤维化、高脂血症。

(2)慢性呼吸道疾病、胃肠疾病、变态反应。

(3)肾上腺皮质功能亢进有时增多。

(4)甲状腺功能减退、黏液性水肿。

减少:无临床意义。

(三)血小板相关指标的判读

1.血小板(PLT)

猫血小板大小变化较大,大的和红细胞一样大小,有的拉长呈纸烟状。一般每个高倍显微镜视野里有 3 个以上血小板,或染色片上每 20～30 个红细胞空间有 1 个以上血小板,可认为是正常的。每个油镜视野里有 1 个血小板,表示每升血液里的血小板数为 15×10^9 个。通常每个油镜视野里发现 11～25 个血小板算正常。血小板一般 5～7 μm 长,3 μm 宽。犬血小板平均体积为 8 fL,猫 15 fL。犬猫血小板无核。禽类或鸟类血小板个体大,有胞核,一般称为"凝血细胞"。格雷猎犬和其他视觉猎犬的血小板数少于其他品种犬,约少 50%。犬猫血小板生活周期约 3～8 d。采血后应尽快进行血小板检验,以获得最好结果。

增多:

(1)反应性或继发性的血小板增多,见于各种原因的急性大出血、溶血或再生性贫血、外伤、炎症、铁缺乏、脾切除、吸血性寄生虫寄生,以及肿瘤(血源性或实质性的)、骨髓细胞增殖性疾病、猫白血病。但在发生慢性肾病和甲状腺功能减退时,虽有贫血,但血小板不增多。

(2)原发性的血小板增多,见于血小板白血病、红细胞增多症、骨髓增殖和淋巴增多疾病等。

(3)血小板从组织贮藏处的释放(从脾脏中释放),见于急性炎症、急性溶血等。

减少:

多见于猫,一般血小板低于 50×10^9 个/L 时可诊断为血小板减少症,少于 20×10^9 个/L 时,会有出血表现,少于 5×10^9 个/L 时,开始出血。有时血小板凝集成堆会导致计数错误,检验时应加以注意。抗凝剂 EDTA 二钠有时也不能防止血小板凝集。正常格雷猎犬的血小板一般比其他品种犬少。

(1)利用和破坏增多,见于输血不当、出血、败血症、猫白血症、犬瘟热、犬细小病毒病、猫泛白细胞减少症、尿毒症、血管炎、弥散性血管内凝血、巴贝斯虫病、蜱热、立克次氏体病、免疫性或继发性血小板减少性紫癜。

(2)血小板过量破坏,见于自体免疫性疾病(溶血性贫血、系统性红斑狼疮)。

(3)血小板的生成障碍。

①生成器官萎缩,如骨髓萎缩、淋巴网状内皮细胞增生瘤、骨髓淀粉样变、淋巴肉瘤、骨髓纤维化(在纤维化发展中,血小板也可能增多)。

②血小板生成功能减退,如辐射性损伤、再生障碍性贫血。

（4）药物引发血小板减少。

①原发的,由药物直接引起,多见于瑞斯托菌素。

②继发的,见于激素(如塞尔托利细胞瘤引发的过多雌激素)、抗肿瘤药物(如环磷酰胺、苯丁酸氮芥等)、抗菌药(如氯霉素、磺胺嘧啶、灰黄霉素、利巴韦林等)的应用。

（5）血小板的异常分布。见于脾肿大、肝病或肝硬化。

（6）稀释时血小板的丢失。

2.血小板体积分布宽度(PDW)

PDW-SD 的单位为 fL,PDW-CV 的单位为％。PDW-SD 参考值,犬猫都为 9～17 fL;PDW-CV 参考值,犬为 0～55％。PDW 增大,表明血小板体积大小相差悬殊。可根据血小板体积分布直方图来判断是否有异常大小的血小板存在。

3.平均血小板体积(MPV)

MPV 的单位为 fL。参考值,犬猫均为 6.1～10.1 fL。

MPV 增大:①在造血功能无抑制时,表示造血功能恢复或造血功能增强;②在血小板破坏增多和甲状腺功能亢进时,表明骨髓代谢功能良好,生成血小板增多。

MPV 减小:①骨髓造血功能不良,血小板生成减少;②MPV 和血小板同时减少,表明骨髓造血功能衰竭。

4.血小板比容(PCT)

PCT 参考值:犬为 0.18％～0.59％,猫为 0.1％～0.3％。PCT 增大,说明血小板或大血小板增多;PCT 减小,说明血小板变小或减少。

思考题

1.简要说明犬猫常见采血的部位、方法及常用的抗凝剂。

2.结合血涂片的制备过程,谈谈在制备血涂片的过程中有哪些注意事项。

3.试结合各类染色液说明血细胞染色的原理与特性。

4.简要说明红细胞计数的原理与临床意义。

5.结合药理学知识,试说出几种宠物临床上常用的抗凝血药物。

6.结合宠物临床实践操作,试分析影响血凝时间的因素有哪些。

7.当动物机体发生溶血性贫血时,红细胞及相关指标将如何变化,试说明原因。

8.血细胞比容作为临床判断动物贫血状态的重要指标,其临床意义有哪些?

9.犬吃过多的洋葱为何会导致溶血?

10.白细胞的分类有哪些?兽医临床诊疗中的三分类血球仪可检测哪几类白细胞?

11.在临床诊疗过程中,各类细胞升高的意义是什么?

实训四 血液生化检查

血液中各种化学成分可能是与特定器官相关的、具有特定功能的酶，或特定器官的代谢产物及副产物。分析这些化学成分通常需要小心地采集血清样品，一些病例可能需要血浆，化学测定应在采集血液样品后 1 h 内完成。

一、血清的制备

将采集的血液进行离心处理，转速控制在 2000～3000 rpm/min，时间控制在 5～10 min。使用移液枪，小心地将离心管上层血清吸出并进行测定，如暂时不检测，可将样品冷藏或冷冻保存。

二、常见生化指标的检测

（一）血清蛋白的测定

兽医临床中血清蛋白的测定一般包括总蛋白、白蛋白、球蛋白和白蛋白与球蛋白的比值。

1. 总蛋白

总蛋白包括白蛋白和球蛋白。肝脏合成、蛋白质分布、蛋白质降解和排泄的改变，以及脱水和过度水合均会影响总蛋白的浓度。其临床意义如下：

（1）升高。

①见于脓血症（腹泻、出汗、呕吐和多尿引起的脱水）、休克、肾上腺皮质功能减退、淋巴肉瘤、多发性骨髓瘤等。

②球蛋白的生成增加，如猫传染性腹膜炎等。

③溶血和脂血症（动物食后采血）。

（2）降低。

①见于幼年和年轻动物以及血液稀薄、营养差、输液。

②蛋白生成减少，见于营养吸收障碍、肝硬化等肝脏疾病。

③蛋白丢失增加和分解代谢增加，见于恶性肿瘤、低白蛋白血症、低白蛋白和低球蛋白血症。

2. 白蛋白

（1）升高。

升高原因同总蛋白一致。

（2）降低。

①生成减少，见于食物中缺少蛋白、蛋白消化不良（胰腺外分泌不足）、吸收不良、慢性腹泻、营养不良、进行性肝病、慢性肝病、肝硬化（肝病时白蛋白减少，而球蛋白往往增多）、多发性

或延长性心脏代谢失调、贫血和高球蛋白血症。

②蛋白丢失增加和分解代谢增加。

③蛋白丢失性肾病、肾小球肾炎和肾淀粉样变性。

④妊娠、泌乳、发热、感染、恶病质、急性或慢性出血、蛋白丢失性肠病、寄生虫、甲状腺功能亢进和恶性肿瘤。

⑤严重血清丢失,见于严重渗出性皮肤病(如烧伤和大面积外伤),以及腹水、胸腔积液和水肿。

3. 球蛋白

(1)升高。

①α球蛋白升高见于炎症、肝脏疾病、热症、外伤、感染、新生瘤、肾淀粉样变性、寄生虫寄生和妊娠。

②β球蛋白升高见于肾病综合征、急性肾炎、新生瘤、骨折、急性肝炎、肝硬化、化脓性皮肤炎、严重寄生虫寄生、淋巴肉瘤和多发性骨髓瘤。

③γ球蛋白升高见于胆管性肝炎、慢性炎症性疾病、慢性抗原刺激、免疫介导性疾病和一些淋巴肿瘤、慢性皮炎、急性或慢性肝炎、肝硬化、肝脓肿、蛋白丢失性肠病、结缔组织病等;也见于白塞特猎犬和威迪玛犬的免疫缺陷病及猫传染性腹膜炎。

(2)降低。

①生成减少,见于肝病等。

②蛋白丢失增加和分解代谢增加。

4. 白蛋白/球蛋白

(1)升高。

见于白蛋白升高和/或球蛋白降低,临床上少见。

(2)降低。

见于白蛋白降低和/或球蛋白升高,详见白蛋白和球蛋白部分。患有慢性肝炎、肝硬化、肾病综合征时降低明显。

(二)肝功能指标测定

肝功能指标主要包括丙氨酸氨基转移酶、天门冬氨酸氨基转移酶、碱性磷酸酶、γ-谷氨酰转移酶、血清胆红素、胆汁酸、胆固醇等。

1. 丙氨酸氨基转移酶(ALT)

一般 ALT 升高有临床诊断意义,降低少见且无临床诊断意义。升高见于:

(1)原发性肝细胞和胆系统疾病。

①传染性疾病。

病毒性:犬传染性肝炎、猫传染性腹膜炎。

细菌性:钩端螺旋体病、杆菌血红蛋白尿以及其他细菌引起的菌血症、败血症、肝脓肿和胆管肝炎。

寄生虫:蛔虫、肝片吸虫。

②肝毒素性疾病。

毒血症、外源性肝毒素(砷、四氯化碳)、碘化吡咯生物碱中毒。

③新生瘤。

肝瘤、胆道癌、淋巴肉瘤、骨髓痨及骨髓增殖疾病、转移性新生瘤。

④堵塞性疾病。

胆管炎、肝细胞胆管炎、胆管堵塞(胰腺炎、新生瘤、纤维样变性、脓肿、寄生虫和结石)、肝脏外伤。

⑤慢性活动性肝炎。

免疫反应性肝炎、肝脂肪代谢障碍、不知原因的肝炎。

⑥贮藏性紊乱。

犬的铜贮藏过剩(多见于杜宾犬、斑点犬和西高地白梗)。

(2)代谢性紊乱与继发性肝疾病。

急性胰腺炎、糖尿病、应激反应、肾上腺皮质功能亢进、肾脏疾病综合征、毒血症、饥饿或长期厌食、不吸收综合征、酮血病和各种原因引发的肝脂肪沉积症(肥胖猫多见)、猫甲状腺功能亢进。

(3)循环紊乱与继发性肝疾病。

心脏机能不足、心肌梗死、门腔静脉分流沟通以及严重贫血、缺氧、休克。

(4)药物治疗。

多种药物可引起 ALT 活性增加,如皮质类固醇、抗生素(红霉素、氯霉素)、抗惊厥药(扑痫酮、苯基巴比妥),在猫则少见。

2. 天门冬氨酸氨基转移酶(AST)

AST 升高具有临床诊断意义:

(1)生理性升高见于运动和训练之后。

(2)病理性升高见于肝胆系统疾病、骨骼肌肉疾病、心脏损伤和坏死、非特殊性组织损伤。

(3)延长血清与红细胞的分离和溶血(人为的)。

(4)结合 ALT 和 CK 的升高。

①ALT 升高,AST 正常或轻微升高,有轻微可逆性肝损伤。

②AST 和 ALT 都明显升高,表明有严重的肝细胞损伤或坏死。

③AST 升高,ALT 正常或轻微升高,不是肝脏问题,如果 CK 也升高就是肌肉损伤。

此外,有报道显示,AST 降低与缺乏维生素 B_6 和大面积的肝硬化有关。

3. 碱性磷酸酶(ALP)

(1)升高见于:

①肝胆系统疾病。

胆管新生瘤、胆石症、胆囊炎、胆囊破裂、胆管性肝炎、慢性肝炎、铜贮藏病、肝破损、肝纤维化、肝肿瘤(淋巴瘤、血管肉瘤、肝细胞肉瘤、转移性癌)、中毒性肝炎、黄曲霉毒素中毒、猫肝脂肪沉积症和传染性腹膜炎。当存在胆结石且有明显的静力压增加时,碱性磷酸酶增加更明显。

②皮质类固醇过多。

犬猫见于应激、肾上腺皮质功能亢进。外源性皮质类固醇或促肾上腺皮质激素治疗等引起的肝脏疾病,有时 ALP 可升高 60～70 倍。

③成骨细胞活性增强。

生长发育动物(比成年动物高 2～3 倍)骨折愈合、全骨炎、骨软化、佝偻症、骨骼新生瘤、猫甲状旁腺机能亢进、饮食中维生素 D 缺乏等,通常可升高 2～4 倍。

④引起高脂血和脂肪肝的疾病,如糖尿病、猫甲状腺功能亢进、急性胰腺炎。

⑤饲喂蛋白质含量低的食物。

⑥新生瘤,如淋巴肉瘤、混合性乳腺瘤、癌肉瘤。

⑦小肠碱性磷酸酶增加,如肠黏膜疾病、腹泻、寄生虫、手术后局部缺氧、肠阻塞。

⑧药物影响,如苯妥英、苯妥英钠、苯巴比妥、迪尼耳丁等,一般轻微升高或升高 2～4 倍。

⑨钩端螺旋体病、埃立希氏体病。

⑩样品保存时间过长,在室温下放置 12 h 可升高 5％～30％。

(2)降低见于锌缺乏、甲状腺功能减退、用 EDTA 做抗凝剂等。

4. γ-谷氨酰转移酶(GGT)

GGT 升高常见于胆固醇沉积症、肾脏疾病(尤其是肾病)、皮质类固醇增多、抗惊厥药物治疗、肝炎、肝中毒、胆汁淤积或胆管堵塞(肝内或肝外)、硒缺乏、慢性肝功能不足、胰腺炎等。门腔静脉分流可引起 GGT 轻微升高。样品溶血时,也可能有些升高。犬血清 ALT 和 GGT 活性同时升高,表明肝脏有损伤或坏死,同时有胆汁淤积。GGT 和 ALP 活性同时升高,表明肝内或肝外胆管堵塞或损伤,胆汁淤积。降低一般无临床意义。

5. 血清胆红素

(1)升高常见于:

①肝前性或溶血性增加。

一般为间接胆红素升高(占 60％以上)。见于巴贝斯虫病、血液巴尔通氏体病、红斑狼疮、埃立克体病、钩端螺旋体病、不相配的输血、自体免疫溶血性贫血、蛇咬伤、黄曲霉毒素中毒、洋葱和大葱中毒、红细胞丙酮酸激酶缺乏、果糖磷酸激酶缺乏(英国可卡犬)、卟啉病等。

②肝性或肝细胞性增加。

间接和直接胆红素都升高,各约占 50％。见于巴贝斯虫病、血液巴尔通氏体病、红斑狼疮、埃立希氏体病、狗传染性肝炎、钩端螺旋体病、细菌性肝炎、肝硬化末期、肝的大面积脓肿、不相配的输血、自体免疫溶血性贫血、蛇咬伤、黄曲霉毒素中毒(严重中毒时黄疸明显)、洋葱和大葱中毒、红细胞丙酮酸激酶缺乏、果糖磷酸激酶缺乏、卟啉病等。

③肝后性或阻塞性增加。

主要为直接胆红素升高,后因肝细胞损伤,血液中的间接胆红素也升高。另外,由于胆管阻塞,胆红素不能进入肠道,尿中无尿胆素原。肝后性增加见于寄生虫堵塞胆管、胆管结石、胆囊或胆管肿瘤。

④脂血症。

(2)降低见于再生障碍性贫血及各种继发性贫血。

6. 胆汁酸

(1)升高见于:

①肝细胞损伤,如急性或慢性肝炎、明显的肝坏死、肝硬化、中毒性肝病、肝肿瘤。

②胆管阻塞(肝内或肝外),胆汁淤积。

③先天性或后天性门腔静脉分流。

④用皮质类固醇和抗惊厥药物治疗,有时也升高。

（2）降低见于胃排空迟缓、肠蠕动增快、肠道阻塞、严重的肠道吸收差和切除回肠。

7. 胆固醇

（1）升高见于：

①饲喂后血脂增多。

②增加脂肪的动用：重症糖尿病、厌食、饥饿、肾上腺皮质功能亢进、脂肪组织炎（猫）。

③脂蛋白脂肪酶的活性降低，胰脏急性坏死（胰岛素分泌减少）。

④脂肪分解代谢减少，甲状腺功能减退（碘缺乏，约三分之二患犬胆固醇升高）。

⑤不明原因的原发性高脂血症，如犬猫高脂血症。

（2）降低见于：

①摄取低脂肪饲料，胰腺外分泌功能不全（影响了消化），肠道不吸收，严重营养不良，严重贫血。

②进行性肝脏疾病、慢性肝病、肝硬化、门腔静脉分流等。

③丢失和分解代谢增加，如蛋白质丢失性肠病、甲状腺功能亢进。

④严重败血症、热性传染病、进行性肾炎。

⑤药物影响，如应用雌激素、L-门冬酰胺酶、秋水仙碱、氨基糖苷类抗生素。

（三）肾脏功能指标测定

1. 血尿素氮

血尿素氮是哺乳动物蛋白质在肝脏里分解代谢的最终产物尿素中的氮，由肾脏排出体外。

（1）血尿素氮升高分三种情况，即肾前性、肾性和肾后性。

①肾前性血尿素氮升高一般不超过 36 mmol/L，检验时还应同时检验肌酐。血尿素氮和肌酐同时升高见于肾小球滤过率下降，如由休克、脱水和心脏机能减弱引起的肾脏灌注减少。肾前性血尿素氮升高应注意和肾上腺皮质功能不足相区别，肾上腺皮质功能不足时，血尿素氮也升高，有时甚至超过 36 mmol/L。患肾前性氮质血症时，犬的尿相对比重大于 1.030，猫大于 1.035。

②肾性血尿素氮升高见于肾实质疾病。肾小球损伤能引起氮质血症和尿蛋白升高，其尿相对比重可能正常（肾小管损伤没有达到影响尿浓缩能力的程度）。血清尿素氮和肌酐升高，再加上犬的尿相对比重为 1.010～1.020，猫为 1.015～1.030，表示为原发性肾病；某些病能引起脱水和降低肾脏浓缩尿的能力，也可能有类似表现。

③肾后性血尿素氮升高见于犬猫尿道堵塞不能排尿，或由尿道、输尿管或肾盂堵塞，尿液排入腹腔，尿比重变化不定引起。另外，血氯水平升高能使尿素氮测定水平偏高，溶血标本对检验有干扰。药物类如磺胺药物、呋塞米、水合氯醛等都能使检测值增大。

（2）血尿素氮降低见于：

①尿素合成减少，见于进行性肝病、肝瘤、肝硬化、肝脑病、门腔静脉分流（大量血不通过肝脏）、低蛋白性食物和吸收紊乱、用葡萄糖治疗的长期厌食。

②黄曲霉素中毒、液体治疗、严重的多尿和烦渴等。

2. 肌酐

（1）肌酐升高：

①肾前性肌酐升高，见于急性肌炎、严重肌肉损伤、肾脏灌注减少（脱水、休克），以及肾上

腺皮质功能减退、心血管病和垂体机能亢进等。肾前性升高一般不明显。

②肾脏严重损伤引起的肌酐升高。在肾脏疾病初期,血清肌酐值通常变化不大,如严重肾炎、严重中毒性肾炎、肾衰竭末期、肾淀粉样变、间质肾炎和肾盂肾炎等。一般肾单位损伤超过50％时,血清肌酐才升高。在肾脏血流正常的情况下,肌酐在 $177\sim442\ \mu mol/L$,尿比重为 $1.010\sim1.018$,表示中度肾衰竭。肌酐在 $442\sim884\ \mu mol/L$,表示严重肾衰竭。一般血清肌酐检验对肾脏疾病晚期的临床意义较大。要区分肾前性和肾性肌酐升高,还需要检验尿比重。

③肾后性尿道阻塞或膀胱破裂,肌酐时常超过 $1\ 000\ \mu mol/L$,但只要解除病因,肌酐很快恢复正常。

一般而言,肌酐升高到 $442\ \mu mol/L$ 或更多,预后不良;超过 $884\ \mu mol/L(10\ mg/dL)$,动物将难于治愈。

(2)肌酐降低见于恶病质、肌肉萎缩。另外,妊娠中后期肌酐也会降低。

3.尿酸

(1)尿酸升高:

①原发性升高,见于动脉导管未闭、原发性痛风、尿酸盐结石,以及犬猫采食高嘌呤食物,如动物内脏、海鲜和各种肉汤。

②继发性升高,见于多种急性或慢性肾脏疾病和肾脏衰竭、慢性肝病、中毒、甲状腺功能减退、白血病、恶性肿瘤、组织损伤、糖尿病、长期禁食。

(2)尿酸降低:

见于恶性贫血、使用阿司匹林和噻嗪类利尿剂、范康尼氏综合征(氨基酸尿)、先天性黄嘌呤氧化酶缺乏。

(四)胰腺功能指标测定

淀粉酶和脂肪酶是用来评估胰腺功能的常用指标。

1.淀粉酶

(1)淀粉酶升高见于:

①肾小球滤过功能降低,多见于氮质血症,此时淀粉酶可升高 $2\sim3$ 倍。

②患有胰腺炎,尤其是急性胰腺炎时,淀粉酶可达 $3\ 000\sim6\ 000\ U/L$,甚至更高。淀粉酶升高还见于胰腺坏死和脓肿、胰腺管堵塞、胰腺肿瘤等,其值可达到 $2\ 000\sim3\ 000\ U/L$。患有慢性纤维化胰腺炎时,淀粉酶基本正常。而在患有高甘油三酯血症时,虽然淀粉酶在正常范围内,也不能排除有胰腺炎存在的可能。

③患有肠黏膜疾病时,如肠穿孔或破裂、肠炎、肠扭转、肠阻塞等,淀粉酶可高达 $2\ 000\ U/L$。

④皮质类固醇过多,见于皮质类固醇(尤其是地塞米松)和促肾上腺皮质激素治疗,以及肾上腺皮质机能亢进和应激等。

⑤肝脏疾病和甲状旁腺功能亢进。

⑥猫血清淀粉酶升高对诊断胰腺炎意义不大,腹部超声图像和类胰蛋白酶反应性检验用于猫胰腺炎的诊断中较有意义。

⑦多种药物可引起急性胰腺炎,除肾上腺皮质激素外,还有冬门酰胺酶、硫唑嘌呤、钙制剂、雌激素、异烟肼、甲硝唑、溴化钾、柳氮磺胺吡啶、磺胺、四环素、利尿性噻嗪药物等引起的血

清淀粉酶升高。

（2）淀粉酶降低见于胰腺变性萎缩。

2. 脂肪酶

（1）脂肪酶升高见于：

①肾小球滤过性能降低，也就是肾功能不足，见于肾前性、肾性和肾后性氮血症。肾脏衰竭时，脂肪酶可升高 2～3 倍。

②患有急性胰腺炎时，脂肪酶可升高 3～4 倍，但升高程度与胰腺炎的严重性不呈正相关。另外还见于胰腺脓肿、胰管堵塞和肿瘤，尤其是患有胰腺癌时，脂肪酶有明显升高。

③小肠炎症和肠堵塞。

④肾上腺皮质激素增多、甲状旁腺功能亢进、肝脏疾病等。而使用过多地塞米松治疗时，脂肪酶可升高 5 倍以上，胰腺可能无炎症表现。

⑤猫患有胰腺炎时，多表现为高脂血症，其脂肪酶可能正常。

（2）脂肪酶降低有时见于胰腺变性萎缩。

（五）内分泌功能指标的测定

内分泌系统的腺体主要包括肾上腺、甲状腺、甲状旁腺与垂体腺。这些腺体产生和分泌的激素直接进入毛细血管，它们有大量的靶器官，具有重要功能。

1. 肾上腺皮质激素

肾上腺皮质激素是由脊椎动物脑垂体所分泌的一种多肽类激素，它能促进肾上腺皮质组织增生以及皮质激素的生成和分泌。促肾上腺皮质激素升高常见于应激状态、原发性肾上腺功能不全、库欣综合征、先天性肾上腺增生、垂体促肾上腺皮质激素细胞瘤。

2. 甲状腺激素

甲状腺激素的基础浓度具有诊断意义，但其正常值参考范围变动很大。一些药物，如胰岛素或雌激素，可能会提高甲状腺激素的浓度。而其他一些药物，如糖皮质激素、抗惊厥剂、抗甲状腺药物、青霉素、甲氧苄啶磺酰胺、地西泮、雄激素和磺酰脲类，可能会降低甲状腺激素的浓度。甲状腺激素升高见于脱水、甲状腺功能亢进以及能引起球蛋白水平增高的疾病。甲状腺激素降低见于药物治疗、应激和兴奋之后、甲状腺功能减退、肾上腺皮质功能亢进和肾衰竭。

3. 皮质醇

皮质醇由肾上腺皮质束状带分泌，在血液中以结合态和游离态两种形式存在。皮质醇的分泌主要受垂体分泌的促肾上腺皮质激素的影响，其分泌有明显的昼夜节律，上午 8 时左右分泌达高峰，之后逐渐下降，午夜零点最低。皮质醇升高见于肾上腺皮质功能亢进、甲状腺功能减退和肝脏疾病。皮质醇降低见于肾上腺皮质功能降低和垂体-肾上腺皮质功能抑制（垂体前叶机能低下）。

（六）电解质的检测

1. 钙

动物体内 99% 的钙存在于骨骼中，血清钙只占 1%。血清钙有三种形式：离子钙（占 50%）、与白蛋白结合的非离子钙（占 40%），以及钙与枸橼酸盐、磷酸盐形成的复合物（占 10%）。只有离子钙才起生理作用。1 岁以内的犬，尤其是大型犬，其血清钙比成年犬多 0.1 mmol/L。2 岁以内的猫,其血清钙比老龄猫多 0.1 mmol/L。

(1)血清钙增加见于:

①增加钙的摄入:高钙饲料和硬水、高维生素 D 血症、植物性毒物。

②从骨骼中移出的钙增加:见于原发性甲状旁腺功能亢进(甲状旁腺新生瘤)和伪甲状旁腺功能亢进(如犬的多种肿瘤、猫淋巴肉瘤),以及骨骼代谢紊乱,如原发性或转移性骨新生瘤、多发性骨髓瘤。

③增加了血清携带者,见于高蛋白血症、高白蛋白血症。因为大部分血清钙和蛋白质结合在一起,此时血清总钙量增多。

④肾上腺皮质功能减退或肾衰竭,10%～15%的犬猫升高。

⑤恶性高钙血症,见于犬淋巴肉瘤、淋巴瘤、顶浆分泌腺癌、鳞状上皮细胞癌、乳腺癌、支气管癌、前列腺癌、甲状腺癌、鼻腔癌、多发性骨髓瘤、转移性或初发性骨骼新生瘤。

⑥猫特发性高钙血症、肉芽肿病、脂血症。

⑦骨骼损伤,见于骨脊髓炎、肥大性骨营养不良。

⑧医源性高钙血,见于过量添加钙或补充钙,过量口服磷酸盐黏合剂。

血清钙离子高时,可静脉输入生理盐水、碳酸氢钠或磷酸钠。当严重肾功能不全时,需用腹腔透析或血液透析治疗。

(2)血清钙减少见于:

①年轻动物、处于妊娠期和泌乳期的犬等动物。

②减少摄取,见于低钙饮食或低钙高磷饮食(如采食过多肉类或肝脏)、低维生素 D 血症、肠道吸收不良;还可见于甲状旁腺功能减退。

③降钙素水平升高,促进了钙在骨骼中的沉积。

④钙在组织内蓄积,见于癫痫、犬产后搐搦症、脂肪坏死(胰腺炎)、肾上腺皮质类固醇治疗。

⑤钙丢失,见于慢性肾衰竭(导致肾继发性甲状旁腺功能亢进,钙可能是正常的)、磷过多(导致营养性继发性甲状旁腺功能亢进,钙可能是正常的)、钙与化合物结合(如草酸)以及抗惊厥药物的影响、乙二醇中毒、范康尼氏综合征。

⑥溶血,延长了血清与红细胞的分离。

缺钙的治疗,可用 10% 的葡萄糖酸钙溶液(或 5% 氯化钙溶液),静脉缓慢注射,剂量为 0.5～1.5 mL/kg。氯化钙的效果是葡萄糖酸钙的 10 倍。

2.无机磷

(1)无机磷增加见于:

①年轻动物。

②摄入增加,如高磷饲料(导致营养继发性甲状旁腺功能亢进,磷可能是正常的)、高维生素 D 血症。

③肾排泄能力下降,如急性或慢性肾衰竭、进行性肾脏疾病。

④甲状旁腺功能减退、肾上腺皮质功能减退。

⑤骨折愈合期、溶骨性骨肿瘤(也可能是正常的)、维生素 D 中毒、动物全身麻痹后、溶血、肠道局部缺血或人为的溶血。

高磷血的治疗:在肾衰竭时可做腹腔透析;肾功能正常时可静脉输入生理盐水,从尿中排出磷;减少食物中磷的摄入,可与食物一起口服氢氧化铝凝胶剂或食用碳酸铝。

(2)无机磷减少见于:

①摄入和吸收减少,见于低磷饲料,或饲料中的钙和磷比例不当;维生素 D 缺乏导致营养性继发性甲状旁腺功能亢进;吸收不良、严重腹泻或呕吐、多尿、脂肪肝或碱中毒。

②降钙素水平升高,促进了磷在骨骼中的沉积。

③长期缺磷使 ATP 储能量减少,见于糖尿病时酮酸中毒、烧伤或严重衰竭,还见于静脉注射葡萄糖、注射胰岛素、严重的呼吸碱中毒。

④肾对磷的清除能力升高,再吸收能力下降,见于原发性甲状旁腺功能亢进、伪甲状腺功能亢进、液体利尿。

血清磷严重偏低(小于 0.32 mmol/L 或 0.1 mg/dL)可引起红细胞溶解、损伤白细胞吞噬和杀菌能力,导致血小板机能降低、肌肉病、心肌病和中枢神经症状。可静脉输入磷酸钠或磷酸钾进行治疗。

3.镁

(1)血清镁增加见于:

①肾功能不全、肾衰竭。

②过多口服含镁的胃酸中和剂或轻泻剂。

③静脉输入过量含镁溶液。高镁血症临床表现为表皮血管膨胀、血压低、恶心、呕吐、昏昏欲睡、呼吸减弱、骨骼肌麻痹、心节律不齐、昏迷而死亡。

(2)血清镁减少见于:

①胃肠道因素,如摄取食物减少、慢性腹泻或呕吐、吸收不良综合征、急性胰腺炎、肝胆病。

②肾脏因素,见于肾小球炎、急性肾小管坏死、肾后性阻塞多尿、药物诱导肾小管损伤(如氨基糖苷类药物、顺铂)、长期静脉输液治疗、利尿药物和洋地黄的应用、高钙血症、低钾血症。

③内分泌性因素,如糖尿病酮酸中毒、甲状腺功能亢进、原发性甲状旁腺功能亢进和原发性醛固酮分泌亢进。

④其他因素,如快速给予胰岛素、葡萄糖、氨基酸,以及败血症、体温降低、大量输血、腹腔透析、血液透析、全胃肠外营养。

4.铁

血清铁增加见于摄入过量的铁、红细胞再生障碍性贫血等各种贫血(缺铁性贫血除外),以及红细胞破坏增加(溶血性贫血)、肝脏细胞损伤(肝炎和肝硬化)。血清铁减少见于缺铁性贫血、急性或慢性感染、慢性长期血液丢失、恶性肿瘤等。

5.碳酸氢根

(1)碳酸氢根增加见于:

①代谢性碱中毒,如呕吐(过量氯丢失)、过量钾丢失、小肠堵塞,同时使用利尿剂和地塞米松治疗。

②呼吸性酸中毒(特别是代偿性的),如肺气肿、肺炎、麻醉。

③碳酸盐治疗。

(2)碳酸氢根减少见于:

①代谢性酸中毒,如腹泻、休克、肾衰竭、肾小管性酸中毒、糖尿病酮酸中毒、乙二醇中毒。

②呼吸性碱中毒（特别是代偿性的），如高热、缺氧、肺气肿等。

③氢离子或氯离子治疗（如氯化铵）。

④样品存放时间过长。

6. 钾

（1）血清钾增加见于：

①假性高钾血症：见于血小板溶解（一般轻度增多）；白细胞多于 $100 \times 10^9/L$（少见）；红细胞溶解，尤其是红细胞含钾多的犬，如秋田犬、新生幼犬等。

②尿钾排出减少（最多见）：见于尿道阻塞、膀胱或输尿管破裂、肾衰竭时无尿或少尿（多见和重要）、肾上腺皮质功能减退、某些胃肠疾病（如鞭毛虫病、沙门氏菌病、穿孔性十二指肠溃疡）、乳糜胸与反复胸腔排液、低肾素性醛固酮分泌减少（如糖尿病或肾衰竭）、药物影响（如属于血管紧张素转换酶抑制剂的伊那普利、属于保钾利尿药的螺内脂和阿米洛利、前列腺素抑制剂、肝素等）。

③摄入增加：在肾和肾皮质功能正常时，不会发生高钾血症，但在静脉输入高浓度氯化钾或给予大剂量青霉素钾盐时，可发生高钾血症。

④转移性高钾血症：见于胰岛素缺乏（如糖尿病酮酸中毒）、急性无机酸中毒（如盐酸、氯化铵）、大面积组织损伤（如烧伤、热射病、急性肿瘤溶解综合征、心肌病、压挫伤等）、高钾型周期性瘫痪、非特异性 β 阻断药物等。

（2）血清钾减少见于：

①丢失增多，见于呕吐和腹泻（多见和重要）。

②泌尿性低钾血症，见于猫慢性肾衰竭、食物诱导低钾血症、不适当的液体治疗（少钾液，多见和重要）、糖尿病或酮酸中毒引起的多尿、透析、袢利尿剂（呋塞米）和噻嗪类利尿剂（氢氯噻嗪、氯噻嗪）的应用（多见和重要）、两性霉素 B 的过量应用、盐皮质激素分泌过多、肾上腺皮质功能亢进（如腺瘤和增生）。

③转移性低钾血症：见于输含糖液体（多见和重要）、静脉输入营养物（主要）、碱血症或大量输入碱液、儿茶酚胺血症、缅甸猫的低钾血周期性瘫痪。

④钾摄入减少：严重的营养缺乏；输入不含钾的液体，如 0.9% 氯化钠或 5% 葡萄糖液。

7. 血清钠

（1）血清钠增加见于：

①水分丢失无适当替代性高钠血，见于正常无感觉水分丢失，而无适当的替代补充；患病动物难于或无能力饮水；异常的渴欲机制，如小型雪纳瑞犬的干渴和中枢神经瘤；增多无感觉水分丢失而无替代补充；环境温度高、发烧、呼吸急促或喘息；排尿导致的水分丢失；中枢性或肾原性尿崩症。

②低渗液体丢失而无适当的替代补充性高钠血（多见），见于呕吐、腹泻和小肠阻塞以及腹膜炎、胰腺炎和皮肤烧伤导致的的水分丢失。肾性水分丢失包括糖尿病、甘露醇及化学药物。

③摄入增加，见于给予高张性液体，如高张性氯化钠和碳酸氢钠溶液；静脉注入营养液；肠道注入磷酸钠灌肠液；不适当的含钠维持液治疗以及食盐中毒、肾上腺皮质功能亢进、醛固酮增多症。

（2）血清钠减少见于：

①正常血浆渗透性低钠血，见于高脂血症、明显的高蛋白血症。

②高血浆渗透压性低钠血,见于高糖血症(多见)、静脉输入甘露醇。

③低血浆渗透压性低钠血,见于过度饮水或输入液体、严重肝病性腹水(多见)、充血性心衰和肾病综合征引起的渗漏液发生(多见)、进行性肾衰竭(原发性的少尿或无尿)。

④脱水性(低容量性)低钠血,见于胃肠液丢失(多见),如呕吐或腹泻;胰腺炎、腹膜炎、腹腔积尿及乳糜胸的反复排放液体;皮肤水分丢失,如烧伤,以及肾上腺皮质功能减退、利尿剂的应用、慢性肾病。

⑤正常体液性(正常容量性)低钠血,见于用不适当的液体治疗,如 5％葡萄糖液、0.45％氯化钠液或低渗性液体(多见);神经性烦渴;不适当的抗利尿激素分泌综合征;抗利尿药物的应用,如肝素溶液、长春新碱、环磷酰胺、非类固醇性抗炎症药物等;甲状腺功能减退性水肿昏迷。

（七）其他指标测定

1. 乳酸脱氢酶

(1)乳酸脱氢酶增多见于:

①年轻动物。

②组织细胞损伤,肝脏损伤、胆汁淤积性疾病(见丙氨酸氨基转移酶和山梨醇脱氢酶),以及骨骼肌肉(见天门冬氨酸氨基转移酶)、肾、胰脏、心肌、淋巴网状内皮细胞、红细胞(溶血性疾病)等的损伤。

③新生瘤(特别是淋巴肉瘤)、白血病、弓形虫病。

④延长血清和红细胞的分离时间和溶血。

(2)乳酸脱氢酶减少见于脂血症。

2. 肌酸激酶

(1)肌酸激酶增多见于:

①骨骼肌疾病:如肌肉损伤、坏死性肌炎、手术、肌肉注射、蛇咬伤、白肌病。犬组织损伤 6～12 h 后可达峰值,2～3 d 后恢复正常。

②心肌损伤和坏死,天门冬氨酸转氨酶和乳酸脱氢酶也增多。

③大脑皮层坏死、维生素 B_1 缺乏等导致脑脊髓液中肌酸激酶升高。

④甲状腺功能减退时,10％～50％病例升高。

⑤采血后不分离血浆或血浆放置超过 4 h,酶值将升高,超过 24 h,升高速度加快。

(2)肌酸激酶减少一般无临床意义。

3. 甘油三酯

(1)甘油三酯增多见于采食高脂肪、高糖和高能量食物后或饥饿,以及犬甲状腺功能减退、糖尿病、肾上腺皮质功能亢进、胆管堵塞、急性胰腺炎、肾小球疾病、猫特发性肝脏脂肪沉积综合征、猫肥胖症、猫肢端肥大症、猫乳糜微粒过多症、猫抗甲状腺治疗、特发性或自发性高脂血症、原发性高脂蛋白血症。治疗药物有雌激素和考来烯胺。

(2)甘油三酯减少见于甲状腺功能亢进、严重肝病、营养不良和蛋白丢失性肠病。治疗药物有维生素 C、L-门冬酰胺酶和肝素等。

4. 血糖

(1)血糖增多见于：

①胰岛素缺乏引起的糖尿病。

②严重应激(内源性皮质类固醇释放)。

③输液的成分中含有葡萄糖。

④暂时的高血糖症,见于饲喂后、挣扎、捕捉、疼痛(肾上腺皮质激素和胰高血糖素的释放,葡萄糖也可能由于过量利用而降低)、惧怕和兴奋(肾上腺皮质激素和胰高血糖素的释放)、应激(如感染等引起的内源性的皮质类固醇的释放)。

⑤内分泌紊乱,如肾上腺皮质功能亢进、垂体功能亢进、垂体肿瘤、甲状腺功能亢进、胰腺炎、嗜铬细胞瘤。

⑥皮质类固醇、促肾上腺皮质激素、吗啡、噻嗪类利尿药物的应用。

⑦慢性肝脏疾病,如乙二醇中毒。

⑧溶血。

(2)血糖减少见于：

①小于 21 日龄的新生动物,血糖一般较低;爱玩的幼龄动物有暂时性低血糖;成年犬猫血糖低于 2.8 mmol/L,即为低血糖。

②葡萄糖转化增加,见于胰岛素过多,如胰腺机能性 β 细胞瘤;糖的过量利用,如严重挣扎(包括捕捉)、严重感染和热性疾病、全身的或大面积的新生瘤、猎犬狩猎作业等。

③营养不足,见于幼犬特发性低血糖。

④葡萄糖的生成减少或肠道不吸收,见于进行性肝病、肾上腺皮质功能减退、甲状腺功能减退、垂体功能降低和糖原贮积病。

⑤延长血清和红细胞的分离时间和样品未及时处理(人为的),每延长 1 h,血糖减少近 10%,所以最好在采血后 20～30 min 内检验。

三、生化分析仪介绍

目前,全自动生化分析仪在医院的占有率相当的高,几乎每个医院的检验科都至少拥有一台生化分析仪。生化分析仪具有快速、简便、灵敏、准确和标准化、微量等优点,并且可以测试多个项目。

(一)湿式生化分析仪

1. 离心式生化分析仪

离心式生化分析仪的特点是将样品和试剂均放在一个特制的圆盘上,圆盘在离心机上作为转头。转头由转移盘、比色槽、上下玻璃圈和上下套壳等组成。转盘上有 30 组左右向四周呈放射状排列的 3 个一组的圆孔,最里面的孔为试剂孔,中间的为样品孔,最外面的孔与比色槽相连通。套壳内上下两块玻璃圈紧合后组成比色杯,套壳的上下呈透明状,可让光线从上下通过,以便进行比色。将样品和试剂加到转移盘后,开机让其旋转,在离心力的作用下,试剂甩向中间孔的样品中和样品充分混合反应后,再甩向位于圆周边缘的比色槽。单色器的光线垂直通过比色槽,比色后的信号通过光电管经仪器放大处理。这种仪器的特点是使用方便,比色盘有时为一次性的,也有的设计为做好一次冲洗一次。每次可测 20～30 个样品,测 6 个项目。

离心式生化分析仪是目前效率最高、消耗最少的一种生化分析仪。

2.分立式生化分析仪

分立式生化分析仪可以模仿手工操作的方式编排程序,并以机械手代替人手,按顺序依次对样品进行自动化测定。它是用加样器和稀释器在一个个分开的试管内自动、定量地加入样品、试剂并混合,在一定条件下反应后将之抽入流动比色皿中进行比色测量,或直接将特制的反应试管作为比色皿进行比色测定,然后将该信号放大后交 CPU 处理。比色后的试管会被仪器自动冲洗干净,以备下次分析用。为了使比色测定连续进行,有的仪器将反应后的试管放入一个专用的进样架上,每次进样架最少可以放置 10 个试管,由传送装置带动进样架一步步前进,试管依次穿过相应的单色器进行比色测量。在这种仪器中,每一种试剂盛入一个单独的容器,而容器的排列,样品的采取,试剂的添加、搅拌、加温、比色,信号放大,计算机处理以及机械伺服清洗等全过程都实现了机械化和自动化。好的机器可同时测 24 个以上的项目。

(二)干式生化分析仪

干式生化又称固相生化,采用多层薄膜的固相试剂技术。干式生化分析仪把液体样品直接加到已固化于特殊结构的试剂载体中,以样品中的水为溶剂,将固化在载体上的试剂溶解后,再与样品中的待测成分进行化学反应,从而进行分析测定,最终得出待测物体的浓度或者活度。干式生化分析仪具有准确度高、检测快速、应用广泛、环保无污染、小巧轻便、操作简单、无液体管道、常温储存等优点,目前已在兽医临床上得到了广泛应用。

 思考题

1.试了解目前市面上常见的动物生化分析仪,并比较它们的优势。

2.简述血清总蛋白、白蛋白及球蛋白的临床意义。

3.肝功能的主要判定指标有哪些?有何临床意义?

4.当动物发生急性胰腺炎时,哪些指标可能会升高?

实训五 尿液和粪便检查

一、尿液检查

(一)尿液的采集及保存

尿液样品的采集和分析应在治疗前进行。尿液样品可通过自主排尿、膀胱挤压、导尿管导尿或膀胱穿刺获得。最常用的方法是膀胱穿刺和导尿管导尿,这两种方法可避免生殖道远端和外部的污染,为尿液分析的所有项目提供最理想的样品。通过自主排尿或挤压膀胱采集样品的方法较简单,但其诊断价值受到一定的影响。晨尿浓缩度最好,受采食影响最小,发现有形成分的概率较高,所以除细胞学检查外,进食前的晨尿是进行尿液分析最为理想的样品。

1. 尿液的采集

(1)自主排尿或人工接取样品。

在动物排尿时采集样品是最简单的采样方法。由于排尿过程中尿液易受污染,这种方式采集的样品不适用于细菌学培养。有时生殖道远端的炎性损伤会污染尿液,使样品中的白细胞数量增加。虽然无须无菌操作,但收集尿液样品的采样容器应保持清洁和干燥。尽量在采集前冲洗动物的阴门或包皮,以减少样品的污染。但动物主人可能无法做到这些,因为他们要在动物自主排尿时采集样品。况且,生殖道外口区在清洗后也不能长时间保持清洁。中段尿(排尿中段的尿液)由于受污染较少,可作为样品。有时也采集最初排泄的尿液,以防无法采到中段尿。在犬排尿时采集尿样可能会使其停止排尿,可将纸杯黏附于一根长杆上,在不惊扰动物的情况下采集尿液,这样可增加尿液采集的成功率。人工很难接取猫的尿样。

(2)膀胱挤压。

对于犬猫而言,可通过挤压膀胱的方法采集尿液,这种方法获得的样品同样不适用于细菌学培养。与采集排泄样品一样,在挤压膀胱之前应清洁动物的生殖道外口区。使动物保持站立或侧卧姿势,轻柔、均匀地挤压位于其后腹部的膀胱,注意避免用力过大使膀胱受损或破裂。膀胱括约肌通常会在几分钟后松弛。偶尔可因对膀胱加压而使观察到的红细胞数量增加,生殖道远端的污染可使白细胞数量增加。如果尿液中出现细菌,则肾脏可能已被这些细菌感染。膀胱挤压法禁用于尿道堵塞或膀胱壁较脆的动物,因为过大的压力可导致膀胱破裂。

(3)导尿。

导尿是将聚丙烯或橡胶管经尿道插入膀胱。应根据动物种类和性别的不同来选用相应的导尿管。与前文提到的两种尿液采集方法一样,导尿前应对生殖道外口区进行清洁。导尿时操作者须戴无菌手套,使用无菌导尿管,操作时应保持无菌且避免损伤尿道。这种方法可用于无法使用膀胱穿刺术的安静且敏感的动物。对于雌性动物,使用开膣器可清楚地观察到尿道口,便于导尿。导尿管前端可涂少量水溶性无菌润滑凝胶,注意避免损伤敏感的尿道黏膜。很多导尿管的远端可连接注射器,以便缓慢抽吸尿液。如需进行细菌学培养,则可使用无菌注射器收集尿液。导尿管通过尿道远端时可能会被污染,所以通常舍弃样品的前段部分。偶尔可因导尿管损伤尿道黏膜而使红细胞和上皮细胞数量增加。

(4)膀胱穿刺。

膀胱穿刺只在膀胱充分膨胀、容易区分时用于采集犬猫的无菌尿液样品,这种方法仅用于安静、易于保定的动物,也可在超声引导下进行膀胱穿刺。穿刺前必须确认膀胱的位置,以免损伤其他内脏器官。膀胱穿刺需使用一个 5 mL 注射器和一个 22G 或 20G 的针头。针头穿透皮肤后不应改变方向,以免损伤其他内脏器官。使动物侧卧、俯卧或站立,然后轻柔地触摸并固定膀胱,将针头插入后腹部。公犬的穿刺部位为脐孔至尾部的阴茎旁,母犬和猫的穿刺部位为脐孔至尾部的腹中线上。轻缓地将尿液吸入注射器,并标注患病动物的信息。此种样品可用于细菌培养和药敏试验。有时膀胱损伤会使样品中的红细胞数量增加。样品直接被吸入管中,离心,以便进行尿沉渣检查。

2.尿液的保存

理想状态下,样品应在采集后 30 min 至 1 h 内进行检测,以避免人为干扰和样品变性。如不能立即检测,样品中的大多数组分可冷藏保存 6～12 h。冷藏会影响尿比重,所以应在冷藏前测定尿比重。冷藏样品应密封保存,以防止水分蒸发和污染。尿液冷藏时可能出现结晶。若样品在室温下保存时间过长,则可能出现葡萄糖和胆红素浓度降低;细菌将尿素分解为氨致使尿液 pH 值升高;晶体的形成造成样品浑浊度增加,管型和红细胞发生崩解(特别是在稀释或碱性尿液中)以及细菌增殖。冷藏样品可能会形成很多结晶,检测前应使尿液恢复至室温,但样品冷却过程中形成的结晶在升温时可能无法溶解。在检测前应轻缓地颠倒混匀尿液样品,以使固体成分尽可能均匀分布。尿液中的细胞可很快发生崩解,所以如进行细胞学检查,应在采集后尽快将尿液离心,并在尿沉渣中加入 1～2 滴患病动物的血清或牛血清白蛋白,以保持细胞的形态学特征。

样品如需送至外部实验室分析或需保存 12 h 以上,则应选择以下保存方式之一:

(1)在 30 毫升尿液中加入 1 滴 40%的福尔马林溶液;

(2)加入足量的甲苯,在样品表面形成一层薄膜;

(3)加入麝香草酚晶体粉;

(4)在 9 份尿液中加入 1 份 5%的苯酚。

如需用福尔马林作为防腐剂,则应在加入福尔马林前进行化学检测,因为福尔马林会对部分化学检测产生干扰,尤其是葡萄糖。但福尔马林是用于观察尿液有形成分的最佳保存剂。

3.尿液的一般性状检验

(1)尿量。

动物主人通常可提供动物排尿量的信息,但可能会将频繁排尿或尿频与尿液生成过多或多尿相混淆。因此,评估动物确切的尿液生成量是很重要的。许多与疾病无关的因素都可影响尿液生成量,这些因素包括液体摄入量、体外丢失量(尤其是呼吸系统和肠道)、环境温度与湿度、食物数量与类型、运动水平、动物体型和种类。观察动物单次排尿无法对其排尿量做出可靠的评估。

观察动物在笼内或户外的活动情况,可估计其尿液生成量。动物每天产生的尿液量不定,成年犬猫正常日排尿量为 20～40 毫升每千克体重。

日尿液排出量或生成量增加称为多尿,并通常伴有多饮。多饮是指水的摄入量增多。多尿时,尿液通常为灰黄或浅黄色且尿比重较低。许多疾病可引起多尿,如肾炎、糖尿病、尿崩症、犬猫子宫蓄脓、肝脏疾病,也见于使用利尿药、皮质类固醇或补液之后。

少尿指日排尿量减少,动物摄入水分减少时会出现。当环境温度升高导致由呼吸系统丢失的水分过多时会加重少尿。少尿时尿液通常被浓缩且比重增加。少尿也可见于急性肾炎、发热、休克、心脏病和脱水时。无尿症指无尿液排出,可见于尿道阻塞、膀胱破裂和肾功能丧失。

(2)尿色。

正常尿液因尿色素的存在而呈淡黄色至琥珀色。尿液的黄色深浅可因尿液的浓缩度或稀释度的不同而发生改变。无色的尿液通常比重较低且常为多尿所致;深黄至黄褐色尿液通常比重较高且与少尿有关;黄褐色至绿色且在震荡时产生黄绿色泡沫的尿液可能含有胆色素;尿液呈红色或棕红色表明尿中含有红细胞(血尿)或血红蛋白(血红蛋白尿);尿液呈棕色可能含有肌细胞溶解过程中排出的肌红蛋白(肌红蛋白尿)。有些药物可以改变尿液的颜色,可观察到红色、绿色或蓝色尿液。评估尿液颜色时,应将其装于无色透明的塑料或玻璃容器中,衬以白色背景进行观察。

(3)澄清度/透明度。

多数种类的动物排泄的新鲜尿液呈澄清或透明状态。观察尿液的透明度时,应衬以印字纸作为背景。根据透过样品看字的清晰程度,可将透明度分为澄清透明、轻微浑浊、浑浊(云雾状)和明显浑浊(絮状)。澄清的尿液离心后通常含有少量沉渣。浑浊的样品常含有大量微粒,通常可在离心后得到较大量的尿沉渣。尿液在放置时可因细菌增殖或结晶形成而呈现浑浊。引起尿液浑浊的物质包括红细胞、白细胞、上皮细胞、管型、结晶、黏液、脂肪和细菌。其他引起尿液明显浑浊的因素包括尿液采集容器内或外表面的污染以及粪便污染。明显浑浊的样品含有混悬微粒,有些甚至可用肉眼观察到。

(4)气味。

尿液的气味不具有显著的诊断意义,但有时会有助于诊断。动物的正常尿液都具有特征性的气味,雄猫的尿液具有很强的气味。产尿素酶的细菌(变形杆菌或葡萄球菌)引起膀胱炎时,尿液呈氨味,这是尿素酶将尿素代谢成氨引起的。在室温下放置的尿液样品,偶可因细菌增殖而出现氨味。尿液带有明显的甜味或苹果味表明含有酮体,大多数情况下预示着糖尿病。

(5)尿比重。

尿比重可在离心前或离心后测定,因为离心时沉降的微粒对尿比重影响很小或无影响。如果尿液样品明显浑浊,则应在离心后用上清液测定尿比重。正常尿液的尿比重取决于动物的饮食和饮水习惯、环境温度和样品采集时间。晨尿的中段是浓缩最好的尿液。多尿患病动物的尿比重偏低,而少尿患病动物的尿比重偏高。正常动物的尿比重非常不稳定,且一天中都在变化。正常犬的尿比重范围是 1.001～1.060,正常猫的尿比重范围是 1.001～1.080。

尿比重增加可见于饮水量减少、非尿源性液体丢失增加(如出汗、喘息或腹泻)和尿液溶质排泄增加。动物饮水量减少而肾脏功能正常时,可导致尿比重迅速增加。尿比重增加可见于急性肾功能衰竭、脱水和休克。

尿比重下降见于肾脏重吸收水分功能障碍性疾病和水分摄入量增加,如多饮或补液过多。

子宫蓄脓、尿崩症、精神性烦渴、某些肝脏疾病、某些类型的肾病和利尿药的使用也可导致尿比重下降。

尿比重接近肾小球滤液时出现等渗尿(1.008～1.012),说明尿比重在该范围内时,尿液还没有被肾脏浓缩或稀释。患有慢性肾脏疾病的动物常生成等渗尿。患有肾脏疾病的动物,其尿比重越接近等渗尿,肾脏功能损失越大,当这些动物丢失水分时,其尿比重仍然在等渗尿范围内。肾脏功能降低的动物经常出现轻度至中度脱水,且尿比重较等渗尿稍大(1.015～1.020)。

4. 尿液的化学成分检验

(1)pH 值。

pH 值测定须采用合理的检测方法和新鲜的尿样,以获得准确的结果。样品敞开置于室温下时,可因二氧化碳丢失而导致 pH 值升高;延时判读结果,则可导致颜色改变和判读错误。若样品中含有产尿素酶的细菌(变形杆菌或葡萄球菌),pH 值通常会升高。肉食动物常见酸性尿,杂食动物排酸性尿还是碱性尿取决于所摄入的食物。许多犬粮中含有大量的植物原料,可使尿液呈弱碱性。其他因素如应激和兴奋,会导致尿液 pH 值升高并可能出现短暂的糖尿,多见于猫。

尿液 pH 值通常使用试纸或酸度计测定。引起 pH 值下降(酸性)的因素包括发热、饥饿、高蛋白食物、酸中毒、过度的肌肉运动及使用某些药物。引起 pH 值升高(碱性)的因素包括碱中毒、摄入高纤维素食物(植物)、尿道的尿素酶菌感染、某些药物的使用及尿潴留(如尿道梗阻或膀胱麻痹)。尿液过酸或过碱都可产生结晶或尿结石。通过饮食调节 pH 值可溶解固体物质或阻止其形成。

(2)蛋白质。

对于健康动物而言,进入肾小球滤过液的血浆蛋白在到达肾盂前会被肾小管重吸收。在通过导尿或膀胱穿刺获取的正常尿液中,通常没有或仅有微量蛋白质。通过自然排尿或膀胱挤压采集的样品,会因尿液通过尿道时被分泌物污染而含有微量的蛋白质。判读尿蛋白的测定结果时,还应考虑采集方法、尿比重、尿液生成率、出血和炎症情况。尿液的蛋白质水平可用试纸法测得。

极稀的尿液可因蛋白质浓度低于检测方法的敏感界限而出现假阴性结果。极稀的尿液样品中含有微量的蛋白质可能具有显著的临床意义,因为尿液生成量增加会引起尿液稀释。一过性蛋白尿可能是肾小球通透性暂时增加而使过量蛋白质进入滤过液所致。这种情况是由肾小球毛细血管压力增加引起的,在肌肉过度劳累、情绪激动或惊厥时可能出现。动物在产后、出生前几天或发情期,尿中有时也可出现少量蛋白质。

蛋白尿是泌尿系统疾病的常见症状之一,尤其是肾脏疾病。急性和慢性肾脏疾病都会引起蛋白尿。患骨髓瘤的动物的肾小球毛细血管受损或这些轻链蛋白质被肾小球自由滤过,致使蛋白质进入尿液。这些蛋白质无法与试纸上的蛋白结合物反应,所以必须用磺基水杨酸法检测和定量。

患病动物可因肾脏被动充血而出现轻度的蛋白尿,如患有充血性心力衰竭或其他肾脏血液供应障碍的动物。肾源性蛋白尿也可由创伤、肿瘤、肾梗死、药物或化学物质导致的坏死引起,如磺胺类药物、铅、水银、砒霜和乙醚等。泌尿或生殖道的炎症可引起肾后性蛋白尿。蛋白尿也可见于导尿或膀胱挤压引起的创伤。急性肾炎以含有白细胞和管型的显著蛋白尿为典型特征,而患慢性肾脏疾病时蛋白尿较少。然而,患有慢性肾脏疾病时尿量较多,所以排出的总蛋白量较多。

（3）葡萄糖。

葡萄糖从肾小球毛细血管滤过后，被肾小管重吸收。尿液中葡萄糖的量取决于血糖浓度、肾小球滤过率和肾小管重吸收率。正常动物不会出现糖尿，除非血糖浓度超过肾阈值。

患有糖尿的动物时出现糖尿是由于胰岛素缺乏或胰岛素不能发挥作用。胰岛素是葡萄糖进入细胞内所必需的激素，胰岛素缺乏将导致高血糖症，并使尿液中出现葡萄糖。高碳水化合物食物可引起血糖浓度超过肾阈值而出现糖尿，故检测尿糖浓度前，应禁食一段时间。恐惧、兴奋或保定常导致肾上腺素释放，从而引发高血糖症和糖尿，对于猫而言尤为明显。糖尿常出现于静脉补充含葡萄糖的液体后，偶见于全身麻醉后；患甲状腺功能亢进症、库欣综合征和慢性肝脏疾病的动物可出现糖尿，但较为少见。当血糖浓度在正常范围内时，可能会出现较为罕见的肾性糖尿，此种情况由肾小管对糖的重吸收减少所致。一些患慢性疾病的猫可出现糖尿，这可能是由近端小管功能改变引起的。多种药物可使尿糖检测结果呈现假阳性，如抗坏血酸（维生素C）、吗啡、水杨酸类（例如阿司匹林）、头孢菌素类和青霉素。

（4）酮体。

酮体由脂肪酸不完全代谢形成，包括丙酮、乙酰乙酸和β羟丁酸。正常动物血液中可能含有少量酮体。特殊情况下，碳水化合物代谢发生改变，从而使得机体分解过量的脂肪以提供能量。当脂肪酸代谢未伴有充足的碳水化合物代谢时，尿液中就会出现过量酮体，成为酮尿。

酮尿常见于患糖尿病的动物。由于这些动物缺乏代谢碳水化合物所必需的胰岛素，因此机体分解脂肪以满足能量需求，过量的酮体被排入尿液。酮体是重要的能量来源，通常在脂肪代谢过程中产生，但生成过量酮体时，会引发疾病。酮体具有毒性，可引起中枢神经抑制和酸中毒。伴有酮尿的酮血症也发生于高脂饮食、饥饿、禁食、长期厌食和肝功能受损时。高脂饮食时，碳水化合物仅用于满足少部分的能量需求，故大量脂肪被用来提供能量。禁食、饥饿或厌食的动物利用体内的脂肪来产生能量，生成较正常量多的酮体。肝脏受损时，碳水化合物代谢机制被破坏，导致脂肪被作为主要的能量来源，尤其是在受损的肝脏无法储存足量的糖原时。

（5）胆色素。

通常尿液中检测到的胆色素是胆红素和尿胆原。只有结合胆红素（水溶性）可出现于尿液中，因为与白蛋白结合的未结合胆红素是非水溶性的，不能通过肾小球毛细血管进入滤过液中。正常犬，尤其是公犬对结合胆红素的肾阈值较低，且肾脏具有与胆红素结合的能力，因此在其尿液中可偶见胆红素。猫的尿液中通常没有胆红素。猫胆红素的肾阈值是犬的数倍，故尿液中出现极少量的胆红素即为异常，提示存在疾病。

胆红素尿可见于胆汁由肝脏至小肠的流动受阻和肝脏疾病。胆红素尿是由结合胆红素在肝细胞内蓄积，进入血液，然后经尿液排泄所致。引起胆道阻塞的因素包括胆管结石、胆管肿瘤、急性肠炎、胰腺炎和肠道前段阻塞。

结合胆红素从受损的肝细胞释放，进入血液循环，最后进入尿液。溶血性贫血（红细胞崩解）也可导致胆红素尿，尤其是犬。发生溶血性贫血时，过量的胆红素可能超过肝脏的代谢能力，从而导致结合胆红素释放入血液，最终引起胆红素尿。犬血红蛋白在单核巨噬细胞系统中分解代谢产生未结合胆红素，其可在肾脏被结合，然后进入尿液。

（6）血尿。

尿中含有血红蛋白、肌红蛋白和多量红细胞时，用尿试剂条检验，都呈血尿阳性反应。正常情况下，动物运动过度或母兽发情有时也存在阳性反应。用尿试剂条检验尿容易出现假阳性反应，因此尿潜血检验阳性反应时，还应检验尿沉渣中是否存在异常红细胞。

①血红蛋白尿。

血红蛋白尿通常由血管内溶血所致。血管内红细胞崩解产生的血红蛋白通常与血浆中的触珠蛋白结合，血红蛋白与触珠蛋白结合后，便无法通过肾小球毛细血管。当血管内溶血超过触珠蛋白的结合能力时，游离血红蛋白便可通过肾小球毛细血管，因此，血红蛋白血症会引起血红蛋白尿。可根据尿沉渣检查不存在红细胞，而血红蛋白检测试验呈阳性，或试验的反应程度常高于尿沉渣中的红细胞数量来确定血红蛋白尿。当尿液中的血红蛋白浓度很高，使尿液变红时，离心后的尿液仍会呈红色；若尿液变红由完整的红细胞引起，尿液离心后沉淀以上部分无色。离心后部分变浅表明既存在血红蛋白尿又存在血尿。

血红蛋白尿可见于多种引起血管内溶血的情况，包括免疫介导性溶血性贫血、新生儿同种免疫性溶血性疾病、血型不相容性输血、钩端螺旋体病、巴贝斯虫病，以及摄入某些重金属（如铜）和某些有毒植物。在稀释尿液或强碱性尿液中，血红蛋白可来源于尿液中红细胞的崩解。红细胞在体外崩解释放血红蛋白引起血红蛋白尿时，可见影细胞。

②肌红蛋白尿。

肌红蛋白是肌肉中的一种蛋白，严重的肌肉损伤导致肌红蛋白从肌细胞释放到血液中。肌红蛋白从肾小球毛细血管滤过，由尿排泄。含有肌红蛋白的尿液通常为深棕色至几近黑色，但尿液浓度较低时，颜色与血红蛋白尿相似。区别肌红蛋白尿和血红蛋白尿较为困难，肌肉损伤的病史和临床表现，可用于确定是否因肌红蛋白存在而使得血红蛋白检测呈阳性。多种方法可用于鉴别血红蛋白尿和肌红蛋白尿，但均不完全可靠，有时可通过分子质量的差异及尿液在硫酸铵中溶解度的不同加以鉴别。

（7）尿亚硝酸盐。

尿中含有大肠杆菌和其他肠杆菌科细菌时，尿中的硝酸盐会还原为亚硝酸盐，故常用试剂条检验尿中是否有亚硝酸盐的方法来筛查尿路感染。当人尿液中的亚硝酸盐呈阳性时，表示尿中细菌含量在 10^5/mL 以上。但犬猫等动物的正常尿中含有维生素 C，会出现假阴性反应。因此，用检验犬猫尿亚硝酸盐来诊断泌尿系统感染，一般是不适用的。

（8）白细胞。

可通过白细胞与特定试纸的反应确定尿液中是否存在白细胞，但检测结果可出现假阴性，需要结合显微镜检查确认阳性结果。用试纸检测猫尿液时易出现假阳性，故不采用这种检测方式。

（9）尿钙。

检查 24 h 内尿液当中的钙含量才有临床意义。血清钙浓度高于 2.60 mmol/L 时尿钙增加，见于甲状腺功能亢进、维生素 D 过多、多发性骨髓瘤。

血清钙浓度低于 1.88 mmol/L 时尿钙减少，见于母犬产后低血钙症、甲状旁腺功能减退和骨软症。

5. 尿沉渣检验

尿沉渣的显微镜检查是尿液分析的重要部分，尤其在判定尿道疾病时。尿液样品中的许多异常不能通过试纸或试剂片检测来判断,但可通过尿沉渣检查获得更多特殊的信息。

（1）上皮细胞。

①鳞状上皮细胞（扁平上皮细胞）。

鳞状上皮细胞为尿液中最大的上皮细胞;轮廓不规则,像薄盘,单独或几个连在一起出现;含有一个小而圆的核;它们来自尿道前段和阴道表层。动物发情时尿中鳞状上皮细胞数量增多,有时可以看到成堆类似移行上皮细胞样的癌细胞和横纹肌肉瘤细胞,应注意鉴别。

②移行上皮细胞（尿路上皮细胞）。

由于来源不同,移行上皮细胞有圆形、卵圆形、纺锤形和带尾形;细胞大小介于鳞状上皮细胞和肾小管上皮细胞之间;胞浆常有颗粒结构,有一个小的核。它们是尿道、膀胱、输尿管和肾盂的上皮细胞。

③肾小管上皮细胞（小圆上皮细胞）。

肾小管上皮细胞小而圆,比白细胞稍大;具有一个较大的圆形核,胞浆内有颗粒;在新鲜尿液中,常因细胞变性,细胞结构不够清楚;在上皮管型里,也可以辨认它们。

尿中有一定数量的上皮细胞是正常现象。鳞状上皮细胞可能会大量出现在尿中,尤其是母犬猫的导尿样品。有时移行上皮细胞也存在于正常尿中。在病理情况下,上皮细胞大量存在于尿液中。动物患急性肾间质肾炎时,尿中存在大量肾小管上皮细胞,但是常常难以辨认;患膀胱炎、肾盂肾炎、尿结石病或尿道损伤时,在尿中大量存在移行上皮细胞;患阴道炎和膀胱炎时,鳞状上皮细胞可能在尿中大量存在;泌尿系统有肿瘤时,尿沉渣中有大量上皮肿瘤细胞存在。

（2）红细胞。

红细胞可因尿液浓度、pH值及采集至检测的时间间隔不同而表现不同的形态特征。新鲜样品中,红细胞较小、呈圆形,通常边缘光滑,稍有折射性,为黄色或橙色,但若待测期血红蛋白逸出,则为无色。红细胞比白细胞小,呈光滑的双凹面形。在浓缩的尿液中,红细胞收缩,呈锯齿状。锯齿状红细胞有波状边缘,颜色稍偏暗,若细胞膜不规则则可出现颗粒状。在稀释尿液或碱性尿液中,红细胞膨胀且可能崩解,膨胀的红细胞边缘光滑,呈浅黄色或橙色,崩解的红细胞可出现无色的大小不一的圆环。但崩解的红细胞（尤其强碱性导致崩解的红细胞）常发生溶解,镜检时不能发现。正常情况下,每个高倍视野的尿沉渣中不应多于3个红细胞。由于哺乳动物的红细胞没有细胞核,因此易与脂肪球和酵母菌混淆,但它们常呈浅黄色或橙色,易与其他成分相区别。另外,红细胞大小差异较小,而脂肪球大小不一。

尿中有红细胞存在表示泌尿生殖道某处出血,但必须注意区别于导尿时引起的出血。发情前期、发情期或分娩后的雌性动物排泄的尿液可能会被红细胞污染。可能在人工接取或膀胱挤压采集的存在生殖道炎症的雌性和雄性动物的尿液中发现红细胞。对于生殖道有炎性损伤的雌性动物,导尿采集的样品通常不会被污染,但从患生殖道炎症的雄性动物身上采集的尿液可能会被污染。导尿、膀胱穿刺和膀胱挤压造成的轻微损伤也可能会造成尿沉渣中的红细胞数量轻度增加。通常膀胱穿刺不会使红细胞数量大量增加。兽医技术人员应在实验室检验报告上标明尿液采集的方法,以帮助确定尿液中红细胞的意义。

（3）白细胞。

白细胞比红细胞大,比肾脏上皮细胞小。白细胞是深灰色或黄绿色的球形细胞,可通过其特有的颗粒或核的分叶来鉴别尿沉渣中的白细胞。尿液中的大多数白细胞是含有大量颗粒的嗜中性粒细胞。没有泌尿道或生殖道疾病的动物,尿液中几乎不含白细胞。白细胞在浓缩的尿液中收缩,在稀释的尿液中膨胀。尿液中通常含有少量白细胞,在每个高倍视野中发现 3 个以上白细胞,表明泌尿道或生殖道有炎症。尿液中白细胞过多称为脓尿。脓尿提示存在炎症或感染,如肾炎、肾盂肾炎、膀胱炎、尿道炎或输尿管炎。对于白细胞数量增加的尿液,即使在镜检时未发现微生物,也应进行细菌培养。

(4)管型。

管型形成于尿液浓度和酸度最高的肾脏远曲小管和集合管。在肾小管内,分泌的蛋白质在酸性环境中沉淀,形成与肾小管形状类似的管型。管型由来自血浆的蛋白质和肾小管分泌的黏蛋白组成,根据其形态通常可分为透明管型、上皮管型、细胞管型(红细胞和/或白细胞)、颗粒管型、蜡样管型、脂肪管型和混合管型(见图 5-1)。管型类型的形成部分取决于滤过液流过肾小管的速度及肾小管的损伤程度。滤过液流速较快且肾小管损伤较轻时通常形成透明管型。滤过液流速较慢使细胞有时间被嵌入管型。若滤过液流速过慢,由于管型连续通过肾小管时细胞发生退化,则可形成颗粒管型。

①透明管型。

透明管型无色澄清,有些透明结构只由蛋白质组成,不易看到,通常只在弱光下才可观察到。透明管型呈圆筒状,具有平行的侧面,通常末端为圆形。相对于未染色样品,染色的尿沉渣中较易辨别出透明管型。透明管型数量增加,表明有较弱的肾刺激。发热、肾灌注不足、剧烈运动或全身麻醉时也会引起其数量增加。

②颗粒管型。

颗粒管型是含有颗粒的透明管型,是动物中最常见的管型类型。肾小管上皮细胞、红细胞、白细胞被嵌入管型后,变性形成颗粒。肾小管内的细胞变性可形成颗粒管型,形态上粗细不一。泌尿道内细胞释放的其他物质也可能嵌入管型内。颗粒管型增多可见于急性肾炎,与透明管型相比,提示存在更为严重的肾脏损伤。

③白细胞管型。

白细胞管型含有白细胞,主要是嗜中性粒细胞。若未发生细胞退化,则容易辨别出这种管型。白细胞和白细胞管型的出现,表明肾小管有炎症。

④红细胞管型。

红细胞管型呈深黄色至橙色,不一定可见到红细胞膜。红细胞管型含有红细胞,红细胞在肾小管管腔内聚集时形成。红细胞管型表明肾脏有出血,这种出血可能由创伤或出血性疾病引起,也可能是炎性损伤的一部分。

⑤蜡样管型。

蜡样管型与透明管型类似,但通常更宽,其末端为方形而非圆形,呈现钝性、均质、蜡样外观,无色或灰色,折射性较强。蜡样管型表明有慢性而严重的肾小管退化。

⑥脂肪管型。

脂肪管型含有大量形如折射体的小脂肪滴。这种管型常见于患肾脏疾病的猫,因为猫的肾实质含有脂质。偶见于患糖尿病的犬。大量脂肪管型的出现,表明存在肾小管变性。

⑦上皮管型。

上皮管型由来自肾小管的上皮细胞嵌入透明管型而形成。管型中的上皮细胞通常是肾上皮细胞,这是存在于肾小管内唯一的上皮细胞。这种管型由肾小管内脱落的上皮组成,见于急性肾炎或其他导致肾小管上皮退化的情况。

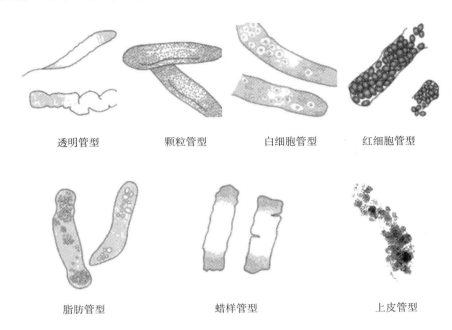

透明管型　　　颗粒管型　　　白细胞管型　　　红细胞管型

脂肪管型　　　　蜡样管型　　　　上皮管型

图 5-1　管型

（5）结晶。

尿液中出现结晶称为结晶尿。结晶尿不一定有临床意义。肾功能正常时，可将形成结晶的某些成分排入尿液，从而形成结晶。一些结晶是代谢性疾病的产物，导致尿结晶形成的因素也可导致尿结石的形成。形成结晶的类型取决于尿液 pH 值、浓度和温度，以及尿液成分的溶解度。如果样品在检测前冷藏放置，样品中的结晶量将因组成结晶的物质在低温下溶解度较低而增加。冷藏样品常比常温的新鲜样品含有更多的结晶。有时，冷藏样品在恢复至常温时结晶会溶解。常用偶见、中度、大量，或＋1～＋4 来报告结晶量。虽然常可根据结晶的形态学特征来辨别结晶（和结石）的类型，但唯一准确的方法是通过 X 射线衍射分析法或化学分析法来确定结晶成分。

尿液晶体酸碱性如表 5-1 所示。

表 5-1　尿液晶体酸碱性

晶体类型	酸碱性
尿酸铵	弱酸性、中性、碱性
无定形磷酸盐	中性，碱性
无定形尿酸盐	酸性、中性
胆红素	酸性
碳酸钙	中性、碱性
草酸钙	酸性、中性、碱性
胱氨酸	酸性
亮氨酸	酸性

续表

晶体类型	酸碱性
三磷酸盐	弱酸性、中性、碱性
酪氨酸	酸性

①鸟粪石结晶。

鸟粪石结晶亦可称为三磷酸盐结晶或磷酸铵镁结晶,可见于碱性至弱酸性尿液中。鸟粪石结晶通常呈边缘和末端逐渐变细的六至八面棱柱形,其经典描述为棺盖状,但也会呈现其他形状,偶可呈齿叶状,尤其是在尿液中氨浓度较高时。

②碳酸钙结晶。

碳酸钙结晶常见于兔的尿液中,呈圆形,多条线条呈中心放射状,或呈现大的颗粒状团块,也可能呈哑铃型。通常无临床意义。

③磷酸盐结晶。

磷酸盐结晶通常出现于碱性尿液中,表现为颗粒状沉淀。

④尿酸盐结晶。

尿酸盐呈现出与无定形磷酸盐类似的颗粒状结晶,见于酸性尿液中,而无定形磷酸盐见于碱性尿液中。

⑤尿酸铵结晶。

尿酸铵结晶见于弱酸性、中性或碱性尿液中,呈棕色,有长而无规律突刺(曼陀罗叶状)的圆形。突刺常发生断裂,残留的结晶为棕色,呈放射状细纹。尿酸铵结晶通常见于患有严重肝病的动物,如门静脉短路。

⑥草酸钙结晶。

二水草酸钙结晶通常呈小的正方形,结晶体上有类似于信封背面的"X"形结构。一水草酸钙结晶可呈小的哑铃状,也可呈较长且末端稍尖的形状(似栅栏上的条板)。二水草酸钙结晶可见于酸性和中性尿液中,常见于少数犬。乙二醇(防冻剂)中毒动物的尿液中常含有大量草酸钙结晶,尤其是一水草酸钙结晶。患草酸盐尿石症的动物尿液中会有大量草酸盐结晶,大量草酸盐结晶也表明有发生草酸盐尿石症的倾向。

⑦磺胺类结晶。

磺胺类结晶可见于用磺胺类药物治疗的动物。磺胺类结晶为圆形,通常色深,独立结晶呈中央放射状。这类结晶在碱性尿液中易溶解,故较少出现在碱性尿液中。碱化尿液和增加动物饮水可辅助性预防肾小管中产生这类结晶。

⑧亮氨酸结晶。

亮氨酸结晶呈车轮状或针垫状,黄色或棕色。患肝脏疾病的动物,其尿液中可发现亮氨酸结晶。

⑨酪氨酸结晶。

酪氨酸结晶呈黑色、针状突起且折射性较强,常出现于小簇晶中。患有肝脏疾病的动物尿液中常见酪氨酸结晶,犬猫尿液中不常见。

⑩胱氨酸结晶。

胱氨酸结晶为无色、窄长的扁平六面体形(六角形)。可见于肾小管功能异常或患胱氨酸的动物尿液中。

各种类型的结晶如图 5-2 所示。

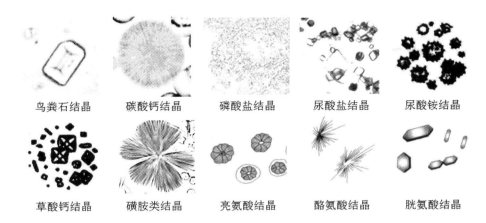

鸟粪石结晶	碳酸钙结晶	磷酸盐结晶	尿酸盐结晶	尿酸铵结晶
草酸钙结晶	磺胺类结晶	亮氨酸结晶	酪氨酸结晶	胱氨酸结晶

图 5-2　各种类型的结晶

6. 微生物

尿沉渣中可发现多种微生物,包括细菌、真菌和原虫。正常的尿液是无菌的,但在排尿过程中可被阴道、阴门或包皮上皮的细菌污染。采用膀胱穿刺或导尿采集的正常尿液中不含细菌,可认为是无菌的。由于尿液放置一段时间后细菌会增殖,尤其是在室温下,故尿液应在采集后立即检测或冷藏。细菌只有在放大后才可鉴别。细菌多为圆形(球菌)或杆状(杆菌),通常可折光,在尿中呈布朗运动而引起震颤。计数结果可用少量、中度、多量或多至无法计数记录。大量细菌伴有大量白细胞提示存在感染和泌尿道炎症(如膀胱炎、肾盂肾炎)或生殖道炎症(如前列腺炎、子宫炎或阴道炎)。在白细胞胞浆中发现细菌的尿液样品是最具有意义的,应对这些样品进行细菌培养。

7. 寄生虫卵

动物尿沉渣检查可发现寄生虫卵,见于泌尿道寄生虫感染或采集尿样时被粪便污染。泌尿道寄生虫包括犬猫的一种膀胱蠕虫(狐膀胱毛细线虫),以及犬的一种肾脏蠕虫(肾膨结线虫)。微丝蚴(如犬心丝虫)可见于感染心丝虫成虫的犬的尿沉渣中,疾病或尿液采集过程中的创伤导致血液进入尿液时,可见循环血中的微丝蚴。

8. 精子

精子偶见于未去势雄性动物的尿沉渣中,易于辨认且没有临床意义。精子也可见于近期交配的雌性动物。尿液中存在大量的精子可引起尿蛋白出现假阳性。

9. 脂肪滴

在尿沉渣中,脂肪滴为浅绿色、折射性强、大小不定的球形小体。由于其大小不定,可以与大小固定的红细胞和酵母菌相区别。尿沉渣抹片静置片刻后检查时,脂肪滴会升到盖玻片下,而其他有形成分会沉降至载玻片上,因此脂肪滴常与其他有形成分位于不同的平面上。盖玻片下小的圆形结构通常为脂肪球,较低平面上大小固定的圆形结构常为红细胞。用苏丹 II 染液染色的尿沉渣中,脂肪滴呈橙色或红色。导尿管润滑剂或收集瓶和吸管油性表面的脂肪滴常污染尿液。多数猫尿液中可出现一定量的脂肪,称为脂尿。脂尿也见于患糖尿病、甲状腺功能减退及肥胖的患病动物,偶见于摄入高脂饮食后的动物。

10. 人为污染物

在采集、转移或检查过程中,尿液样品可被人为污染。这些污染物易造成混淆,应将这些物质与尿沉渣中的常见物质相区别。气泡、油滴(常来自导尿管润滑剂)、淀粉粒(来源于外科手套)、毛发、粪便、植物孢子、花粉、棉纤维、粉尘、玻璃粒子或小片、细菌和真菌都可能污染尿液。观察到消化道寄生虫虫卵可作为尿液样品被粪便污染的证据。

(二)尿液分析仪介绍

1. 尿液分析仪的检测原理

尿液中相应的化学成分使尿多联试剂带上各种含特殊试剂的模块发生颜色变化,颜色深浅与尿液中相应物质的浓度成正比。将多联试剂带置于尿液分析仪比色进样槽,各模块依次受到仪器光源照射并产生不同的反射光,仪器接收不同强度的光信号后将其转换为相应的电信号,再经微处理器计算出各测试项目的反射率,然后与标准曲线比较后校正为测定值,最后以定性或半定量方式自动打印结果。

尿液分析仪检测原理的本质是光的吸收和反射。颜色深浅不同的试剂块对光的吸收率、反射率是不一样的。颜色越深,吸收光量值越大,反射光量值越小,反射率越小;反之,颜色越浅,吸收光量值越小,反射光量值越大,反射率也越大。也就是说,特定试剂块颜色的深浅与尿样中特定化学成分的浓度成正比。

2. 尿液分析仪的组成

尿液分析仪通常由机械系统、光学系统和电路系统三部分组成。

机械系统的主要作用是在微电脑的控制下,将待测试剂带传到预定检测位置,检测后将试剂带传到废物盒中。不同厂家、不同型号的仪器可能采取不同的机械装置,包括齿轮传输、胶带传输、机械臂传输等。全自动的尿液分析仪还包括自动进样传输装置、样本混匀器、定量吸样针。

光学系统一般包括光源、单色处理和光电转换三部分。光线照射到反应物表面产生反射光,光电转换器件将不同强度的反射光转换为电信号进行处理。尿液分析仪的光学系统通常有三种:发光二极管(LED)系统、滤光片分光系统和电荷耦合器件(CCD)系统。

发光二极管系统采用可发射特定波长的发光二极管作为检测光源,两个检测头上都有 3 个不同波长的 LED,对应于试剂带上特定的检测项目分为红、橙、绿单色光(波长 660 nm、620 nm、55 nm),它们相对于检测面以 60°角照射在反应区上。作为光电转换器件的光电二极管垂直安装在反应区上方,在检测光照射同时接收反射光。因光路近,无信号衰减,使用光强度较小的 LED 也能得到较强的光信号。以 LED 作为光源,具有单色性好、灵敏度高的优点。

滤光片分光系统采用高亮度的卤钨灯作为光源,以光导纤维传导至两个检测头。每个检测头有包括空白补偿的 11 个检测位置,入射光以 45°角照射在反应区上。反射光通过固定在反应区正上方的一组光纤传导至滤光片进行分光处理,从 510~690 nm 分为 10 个波长,单色化之后的光信号再经光电二极管转换为电信号。

电荷耦合器件系统以高压氙灯作为光源,采用电荷耦合器件技术进行光电转换,把反射光分解为红、绿、蓝(波长 610 nm、540 nm、460 nm)三原色,又将三原色中的每一种颜色细分为 2592 色素。这样,整个反射光分为 7776 色素,可精确分辨颜色由浅到深的各种微小变化。

电路系统将转换后的电信号放大,经模数转换后送中央处理器(CPU)处理,计算出最终检测结果,然后将结果输出到屏幕显示并送打印机打印。CPU 不仅负责检测数据的处理,而且控制整个机械系统、光学系统的运作,并通过软件实现多种功能。

3. 尿液分析仪试剂带

单项试剂带是干化学分析发展初期的一种结构形式,也是最基本的结构形式。它以滤纸为载体,将各种试剂成分浸渍后干燥,作为试剂层,再在表面覆盖一层纤维膜,作为反射层。尿液浸入试剂带后与试剂发生反应,产生颜色变化。多联试剂带是将多种检测项目的试剂块,按一定间隔、顺序固定在同一条带上的试剂带。使用多联试剂带,浸入一次尿液可同时测定多个项目。多联试剂带的基本结构采用了多层膜结构:第一层为尼龙膜,起保护作用,防止大分子物质对反应的污染;第二层为绒制层,包括碘酸盐层和试剂层,碘酸盐层可破坏干扰物质,而试剂层与尿液所测定物质发生化学反应;第三层是固有试剂的吸水层,可使尿液均匀快速地浸入,并能抑制尿液流到相邻反应区;最后一层选取尿液不浸润的塑料片作为支持体。有些多联试剂带无碘酸盐层,但相应增加了一块检测试剂块,以进行某些项目的校正。不同型号的尿液分析仪使用其配套的专用试剂带,且测试项目试剂块的排列顺序不同。通常情况下,试剂带上的试剂块要比测试项目多一个空白块,有的甚至多一个参考块,又称固定块。各试剂块与尿液中相应成分发生反应,呈现不同的颜色变化。空白块是为了消除尿液本身的颜色在试剂块上分布不均所产生的测试误差,以提高测试准确性;固定块是在测试过程中使每次测定试剂块的位置保持准确,减少由此引起的误差。

二、粪便检查

粪便包括食物残渣、消化道分泌物、寄生虫和虫卵、微生物、无机盐和水分等。粪便标本要求新鲜,标本应在 1 h 内完成检验,不然粪便中的消化酶等因素会使粪便中的细胞成分破坏分解。

(一)粪便的一般性状

1. 排粪量

地球上有成千上万种动物,各种动物因食物种类、采食量和消化器官功能状态不同,每天的排粪次数和排粪量也不相同,即使是同一种动物,也有差别,平时应多注意观察。当胃肠道或胰腺发生炎症或功能紊乱时,会有炎症渗出、分泌增多、肠道蠕动亢进,以及消化吸收不良,使排粪量或次数增加。便秘和饥饿时,排粪将减少。

2. 粪便颜色和性状

正常动物粪便的颜色和性状,因动物种类不同和采食习惯不同而异。粪便久放后,由于其中的胆色素被氧化,其颜色将变深。正常粪便含 60%~70% 水分。临床上病理性粪便有以下变化。

(1)稀便或水样便。

稀便或水样便常由肠道黏膜分泌物过多,使粪便水分增加,或肠道蠕动亢进引起。见于肠道各种感染性或非感染性腹泻,多见于急性肠炎,服用导泻药后等。患有肠炎的幼年动物,由于肠蠕动加快，多排绿色稀便。患出血坏死性肠炎的动物，多排出污红色稀便。

（2）泡沫状便。

泡沫状便多由小肠细菌性感染引起。

（3）油状便。

油状便可能由小肠或胰腺有病变，造成吸收不良引起，或口服或灌服油类后发生。

（4）黏液便。

动物正常粪便中只含有少量黏液，因和粪便混合均匀难以看到。如果肉眼能看到粪便中的黏液，说明黏液增多。小肠炎时，多分泌的黏液和粪便呈均匀混合。大肠炎时，因粪便已基本成形，黏液不易与粪便均匀混合。直肠炎时，黏膜附着于粪便表面。单纯的黏液便的黏液是无色透明的，稍黏稠。粪便中含有膜状或管状物见于伪膜性肠炎或黏液性肠炎。脓性液便呈不透明的黄白色。黏液便多见于各种肠炎、细菌性痢疾、应激综合征等。

（5）鲜血便。

动物患有肛裂、直肠息肉、直肠癌时，有时可见鲜血便，鲜血常附在粪便表面。

（6）黑便。

黑便多见于上消化道出血、粪便潜血检验阳性。服用活性炭或碱式硝酸铋等铋剂后，也可排黑便，但潜血检验阴性。动物采食肉类、肝脏、血液或口服铁制剂后，也能使粪便变黑，潜血检验也呈阳性，临床上应注意鉴别。

（7）陶土样粪便。

陶土样粪便见于各种原因引起的胆管阻塞，因无胆红素排入肠道所致。消化道钡剂造影后，粪便中因含有钡剂，也呈白色或黄白色。

（8）灰色恶臭便。

灰色恶臭便见于消化或吸收不良，常由小肠疾患引起。

（9）凝乳块。

吃奶的幼年动物，粪便中可见黄白色凝乳块，或鸡蛋白样便，表示乳中酪蛋白或脂肪消化不全，多见于幼年动物消化不良和腹泻。

3. 粪便气味

动物正常粪便中，因含有蛋白质分解产物如吲哚、粪臭素、硫醇、硫化氢等而有臭味，草食动物因食碳水化合物多而味轻，肉食动物因采食蛋白质多而味重。动物对食物中的脂肪和碳水化合物消化或吸收不良时，粪便有酸臭味。动物患有肠炎，尤其是慢性肠炎以及犬细小病毒病、大肠癌症、胰腺疾病等时，由于蛋白质腐败，粪便产生恶臭味。

4. 粪便寄生虫

蛔虫、绦虫等较大虫体或虫体节片（复孔绦虫节片似麦粒样），肉眼可以分辨。将驱虫药滴在动物皮肤上或给动物口服、注射驱虫药后，注意检查粪便中有无虫体、绦虫头节等。

（二）粪便的显微镜检验

犬猫发生腹泻时，需用显微镜检验粪便，主要检验粪便中的细胞、寄生虫卵、卵囊、包囊、细菌、真菌、原虫，以及各种食物残渣，用以了解消化道的消化吸收功能。一般多用生理盐水和粪便混匀后直接涂片检验。

1. 粪便中的食物残渣及细胞

（1）粪便中的淀粉。

正常犬猫粪便中基本不含淀粉颗粒。若粪便中含有大小不等的圆形或椭圆形颗粒，加含碘液后变成蓝色，就是淀粉颗粒，称为淀粉溢，见于慢性胰腺炎、胰腺功能不全和各种原因的腹泻。

（2）粪便中的脂肪。

正常犬猫粪便中极少看到脂肪小滴。粪便中出现大小不等、圆形、折旋光性强的脂肪小滴，称为脂肪痢，经苏丹Ⅲ染色呈橘红色或淡黄色，见于急性或慢性胰腺炎及胰腺癌等。

（3）粪便中的肌肉纤维。

犬猫粪便中极少看到肌肉纤维。如果在载玻片上看到两端不齐、片状、带有纤维横纹或有核的肌纤维，称为肉质下泄，多见于肠蠕动亢进、腹泻、胰腺外分泌功能降低及胰蛋白酶分泌减少等。

（4）白细胞。

正常粪便中没有或偶尔能看到白细胞。动物患肠道炎症时，常见中性粒细胞增多，但细胞因部分被消化，难以辨认；患细菌性大肠炎时，可见大量中性粒细胞。成堆分布、细胞结构被破坏、核不完整的，称为脓细胞。动物患过敏性肠炎或肠道寄生虫病时，粪便中多见嗜酸性粒细胞。

（5）红细胞。

正常粪便中无红细胞。肠道下段有炎症或出血时，粪便中可见红细胞。动物患细菌性肠炎时，粪便中白细胞多于红细胞。

（6）吞噬细胞。

粪便中的中性粒细胞，有的胞体变得膨大，并吞有异物者，称为小吞噬细胞。动物患细菌性痢疾和直肠炎时，单核细胞吞噬较大异物，细胞体变得较中性粒细胞大，胞核多不规则，核仁大小不等，胞浆常有伪足样突出，称为大吞噬细胞。

（7）肠黏膜上皮细胞。

肠黏膜上皮细胞为柱状上皮细胞，呈椭圆形或短柱状，两端稍钝圆，正常粪便中没有。动物患结肠炎时，上皮细胞增多；患伪膜性肠炎时，黏膜中有较多上皮细胞存在。

（8）肿瘤细胞。

大肠患有癌症时，粪便中可看到肿瘤细胞。

粪便中的食物残渣及细胞如图 5-3 所示。

2. 寄生虫卵和寄生虫

肠道寄生虫病的诊断，主要靠显微镜检查粪便中的虫卵、幼虫（类丝虫）、原虫（三毛滴虫）、卵囊、包囊和滋养体（腹泻时多见）。粪便中常见的寄生虫卵有蛔虫卵或虫体、钩虫卵、球虫卵囊、绦虫节片或卵、华枝睾吸虫卵、贾第虫和阿米巴包囊及小滋养体等。

（1）蛔虫。

猫狗在感染蛔虫后，会逐渐消瘦，腹围增大，发育迟缓，出现呕吐、异嗜，大量感染时引起肠阻塞、套叠，甚至肠穿孔。蛔虫幼虫经过肺会引发呼吸系统疾病，如咳嗽，严重时呼吸困难，表现为肺炎。蛔虫非常影响猫狗的生长和发育，严重感染时可导致死亡。蛔虫及蛔虫卵如图 5-4 所示。

图 5-3　粪便内的食物残渣及细胞

1—植物细胞；2—淀粉颗粒；3—脂肪球；4—针状脂肪酸结晶；
5—上皮细胞；6—白细胞；7—球菌；8—杆菌；9—真菌

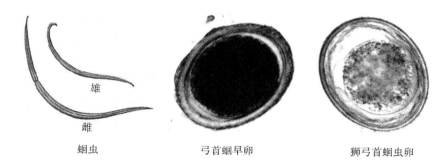

蛔虫　　　　　　　弓首蛔虫卵　　　　　　狮弓首蛔虫卵

图 5-4　蛔虫及蛔虫卵

（2）钩虫。

犬猫严重感染钩虫时，黏膜苍白，消瘦，被毛粗刚无光泽，易脱落；食欲减退，出现异嗜、呕吐、消化障碍，下痢和便秘交替发作；粪便带血或呈暗红色，严重时呈柏油状，并带有腐臭气味。当幼虫经皮肤大量侵入时，皮肤发炎，奇痒；有的四肢浮肿，之后破溃，或出现口角糜烂等。经胎盘或初乳感染钩虫的 3 周龄内的仔犬，可出现严重贫血，导致昏迷和死亡。钩虫及钩虫卵如图 5-5 所示。

（3）绦虫。

绦虫寄生在狗、猫等肉食兽的小肠内，严重感染时引起肠阻塞、贫血等症状。中间宿主是犬蚤、犬虱等。寄生于猫狗肠道内的绦虫种类很多，常见的有犬绦虫（犬复孔绦虫、瓜实绦虫）、线中绦虫（中线绦虫）、泡状带绦虫（边缘绦虫）、豆状带绦虫（锯齿绦虫）、多头带绦虫（多头绦虫）、细粒棘球绦虫、曼氏迭宫绦虫（豆氏裂头绦虫）。除了猫狗会偶然地排出成熟节片外，轻度感染通常不会引起主人注意。严重感染时呈现食欲反常（贪食、异嗜），呕吐，慢性肠炎，腹泻，便秘交替发生，贫血，消瘦，容易激动或精神沉郁，有的发生痉挛或四肢麻痹。虫体成团时可堵塞肠管，导致肠梗阻、肠套叠、肠扭转和肠破裂等急腹症。如发现病犬肛口夹着尚未落地的绦

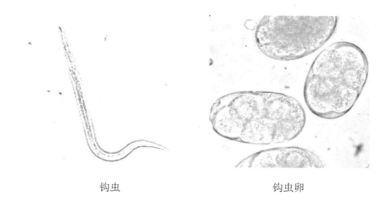

钩虫　　　　　　　　　　钩虫卵

图 5-5　钩虫及钩虫卵

虫孕节,以及粪便中夹杂短的绦虫节片,均可帮助确诊,节片呈白色,最小的如米粒,大的可长达 9 mm。复孔绦虫及复孔绦虫卵如图 5-6、图 5-7 所示。

图 5-6　复孔绦虫

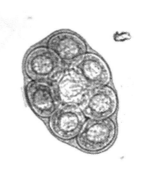

图 5-7　复孔绦虫卵

(4)球虫。

球虫包括艾美耳科等孢子属的犬等孢球虫、俄亥俄等孢球虫、伯氏等孢球虫、猫等孢球虫、芮氏等孢球虫等多种球虫。犬等孢球虫、俄亥俄等孢球虫是感染犬的主要虫种;猫等孢球虫、芮氏等孢球虫是感染猫的主要虫种。球虫致病主要由卵囊引起,其基本形态呈宽卵圆形,大小因虫种不同而有区别。感染球虫的幼龄犬猫小肠全段呈卡他性炎症或出血性炎症,以回肠下段最为严重,主要排出稀软、混有黏液和血液的泥状粪便,同时可出现轻度发热、精神沉郁、食欲减退、消瘦和贫血等症状。成年犬猫感染后多呈慢性经过,表现为食欲不振,便秘与腹泻交替发生,异嗜,病程可达 3 周以上,一般能自然康复,但其粪便中仍有卵囊排出。艾美尔球虫卵与等孢球虫卵如图 5-8、图 5-9 所示。

(5)贾第鞭毛虫。

贾第鞭毛虫是具有鞭毛的原虫,常发现于发生腹泻的犬、猫粪便中,但也可以在动物正常粪便中找到。可以用标准粪便浮集法对贾第鞭毛虫感染进行诊断。硫酸锌(比重 1.18)是最好的收集包囊的浮集溶液,包囊通常扭曲成半月形。用等渗盐水将新鲜粪便稀释涂片,偶尔可观察到运动的滋养体。复方碘溶液可用于显示包囊和滋养体的内部结构。贾第鞭毛虫及其包囊如图 5-10、图 5-11 所示。

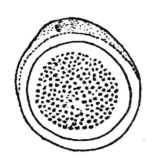
图 5-8　艾美尔球虫卵

图 5-9　等孢球虫卵

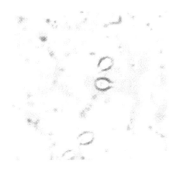
图 5-10　贾第鞭毛虫

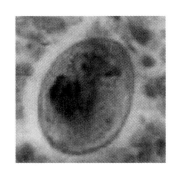
图 5-11　贾第鞭毛虫包囊

3.粪便的化学成分检验

（1）粪便潜血试验。

潜血是指胃肠道有少量出血,通过肉眼和显微镜均不能发现。

潜血试验阳性见于胃肠道各种炎症或出血、溃疡、钩虫病,以及消化道恶性肿瘤等。体重 30 kg 的犬胃肠道出血 2 mL,便可检验阳性。

试验期间食用动物血、肉类和铁剂,以及大量未煮熟的绿色蔬菜,均可造成潜血试验假阳性。因此,肉食性动物(犬猫)应素食 3 d 以后再检验;对于采食植物的动物,应将其粪便加入蒸馏水后煮沸,破坏植物中的过氧化氢酶后,再进行检验。

潜血检验假阴性见于血液未与粪便混合均匀和添加维生素 C。

（2）粪便胰蛋白酶试验。

正常犬猫粪便中都含有胰蛋白酶,所以用胶片法或明胶试管法检验粪便中的胰蛋白酶都呈阳性。当检验粪便中缺少或没有胰蛋白酶,即呈阴性时,表示胰腺外分泌功能不足、胰管堵塞、肠激酶缺乏或患有肠道疾病等。

检验时,试管内加入 5％碳酸氢钠溶液 9 mL,再加入 1～2 g 新鲜粪便,混合。将一条曝过光未冲洗的 X 线片放入试管,在 37 ℃环境下放置 50 min 左右或在室温下放置 1～2 h,取出用水冲洗。X 线片变得透明为阳性,表示消化功能正常;X 线片未变化的为阴性。

（3）粪便酸碱度测定。

一般是用 pH 试纸测定粪便的酸碱度。粪便酸碱度与饲料成分及肠内容物的发酵或腐败过程有关。草食动物的正常粪便呈弱碱性反应。当肠管内糖类发酵过程旺盛时,粪便的酸度增加;当蛋白质腐败分解过程旺盛时,粪便的碱度增加,见于胃肠炎等。

思考题 ··

1.简述常见粪便中虫卵的特点。

2.粪便中的常见异物有哪些?

实训六 皮肤病检查

犬猫皮肤病一年四季均可发生,但以夏、秋季多发,寒冷的冬季少发。临床上常见的皮肤病大致可分为 16 种,有寄生虫性皮肤病、脓皮病、真菌性皮肤病、过敏性皮肤病、免疫缺陷性皮肤病、营养性皮肤病等。目前犬猫皮肤病主要为寄生虫性皮肤病和真菌性皮肤病,而过敏性皮肤病、免疫缺陷性皮肤病的病例数量也逐年递增。

(一)常见皮肤病的检验方法

犬猫患有皮肤病或耳炎时,兽医应采取病灶样本进行细胞学检验。皮肤病继发微生物感染时,包括细菌、真菌等在内的一些微生物,在用显微镜检验细胞时比较容易看到。兽医可根据检验结果进行诊断,然后实施正确的治疗措施。临床上不时发现有少数犬猫不断地重复发生皮肤病,其病原微生物可能由原先的细菌发展到真菌,或发生了混合感染。在临床上根据症状无法诊断是哪种微生物引起的感染时,必须先采样,再进行细胞学和微生物学检验,以便判断感染的微生物种类,然后进行针对性的有效治疗。

1. 皮肤刮片检查法

皮肤刮片是兽医临床上最常用的皮肤病检测方法之一,该方法简单而快捷,能鉴别出多种类型的寄生虫感染。尽管皮肤刮片不是每一次都能提供诊断性依据,但其因简单且价格低廉的特点而成为皮肤病检测最常用的方法之一。浅层皮肤刮片用于疥螨、姬螯螨、耳螨、恙螨的观察。深层皮肤刮片主要用于蠕形螨病的诊断。

(1)浅层皮肤刮片。

根据需要修剪被毛,暴露病变皮肤。用矿物油擦拭刮片区域,去除皮肤表面的碎物以利于刮片的进行。持钝手术刀片,垂直于皮肤,用适量的力度沿毛发生长的方向进行刮片取样。

如果要寻找疥螨,较大面积刮取可增加发现疥螨的可能性,因为疥螨生活在皮肤浅层,所以没有必要刮取到渗血为止。最常检出疥螨的区域包括耳缘、肘后。一些报告还称,猫患蠕形螨时最常检测出的部位是肩两侧。

(2)深层皮肤刮片。

选择脱毛区域(如果可能),毛发较多时可进行修剪以暴露皮肤。持钝手术刀片,垂直于皮肤,用适量的力度沿毛发生长的方向进行刮片取样。重复刮几次后,皮肤会呈现粉红色,此时可见毛细血管及渗出的血液,这样做的目的是保证收集的病料来自皮肤的深层,包含毛囊内的蠕形螨。

挤压被刮的皮肤,使毛囊内的蠕形螨出现在皮肤浅表,这样更有利于病原微生物的采集。如果刮片过程中没有收集到少量血液,那么蠕形螨可能会离开毛囊,从而导致出现假阴性。在某些情况下,如有外伤性或感染性的瘢痕形成,则刮片很难进行到皮肤深层,进而导致很难收集到大量的蠕形螨。但这样的情况比较少见,可通过活组织检查发现毛囊内的蠕形螨。

2. 直接压片法

直接压片法是兽医临床上最常用的皮肤病检测方法之一,该方法简单而快捷,能鉴别出不同类型的微生物感染,属于细胞学检查范畴。直接压片法要求病料为湿性分泌物,湿性分泌物主要采取于脓包、溃疡、糜烂、漏道性皮肤损伤或皮肤表面的痂被去除后所暴露的潮湿性皮肤表面。操作步骤如下:

(1)用载玻片的一角或注射针头产生机械性丘疹样损伤,然后挤压损伤处以产生湿性分泌物,用载玻片按压或蘸取分泌物;

(2)用吹风机或酒精灯将载玻片烘干;

(3)对干燥的载玻片进行染色(瑞氏染色或迪夫快速染色)并轻轻冲洗;

(4)在低倍镜下扫描载玻片,选择理想区域进行高倍镜检查(40×物镜或者100×油镜),确认每个细胞、细菌、真菌的类型。

3. 透明胶带法

用透明胶带在皮肤表面取样很实用,取样后粘在载玻片上镜检外寄生虫和虫卵。此法非常适用于小型哺乳动物难以刮片取样的部位。操作步骤如下:

(1)准备一段50厘米左右的透明胶带;

(2)将胶带反复粘贴在病变处;

(3)将胶带粘贴在玻璃载玻片上;

(4)根据需要进行染色(瑞氏染色或迪夫快速染色);

(5)胶带可充当盖玻片,在高倍镜下查找微生物。

用显微镜检查病原微生物时,透明胶带法是一种很好的用于采集姬螯螨和虱子样品的检测方法。由于姬螯螨体形较大,在视野中易于发现,因此,一张胶带有时就可能收集到姬螯螨,并且胶带有利于姬螯螨的固定。

4. 拔毛检查法

拔毛检查法用于观察毛发的状况,可完成对犬猫的瘙痒状态、真菌感染、色素沉着、生长周期等方面的评估。操作步骤如下:

(1)利用一只镊子将全秃或半秃的被毛用力拔下;

(2)将毛发样品放在载玻片上,用矿物油或透明胶带进行固定;

(3)在低倍显微镜下仔细观察;

(4)在载玻片上滴上矿物油,盖上盖玻片,以免被毛在显微镜下被吹走。

可根据毛发状况判断犬猫的掉毛是由摩擦或舔舐引起,还是其他原因导致的。如果是犬猫因瘙痒而过度舔舐造成的掉毛,毛尖会呈断裂状;而其他原因造成的掉毛,被毛尖端会呈现逐渐变细的样式。

如果动物皮肤感染了真菌,在显微镜下可以看到,病灶处的被毛毛干部位原本清晰的线条因真菌孢子的存在而变得模糊不清,就像把鱼子酱涂抹在筷子上一样。只要看到这样的现象,就可以确定受检动物的皮肤感染了真菌。但是,没有出现这种现象的被毛,也不能表明皮肤没有受到真菌感染,还可通过真菌的培养来进行判断。

检查时若发现蠕形螨爬在被毛尖上,表示皮肤上有蠕形螨寄生,此时就不需要再进行皮肤刮取检验了。特别是在眼睛周围的被毛尖上爬有蠕形螨时,蠕形螨就更加容易被观察到。

5.耳拭子检查法

耳拭子检查法可检查外观正常的耳道内部是否有渗出性病变,鉴定外耳道是否存在寄生虫、真菌、细菌感染。

如果棉签仅仅收集到少量且干净的样品,那么这个耳朵有可能是健康的。如果收集到的样品为浅棕色或脓性渗出物,应进行细胞学检查,以鉴别细菌和酵母菌是否存在。

耳道细胞学检查对于继发感染类型的确定、治疗方案的合理选择非常必要,另外,耳道细胞学检查对于治疗效果的评价也具有一定的意义,特别是针对没有完全治愈的耳炎,在这些病例中,耳道分泌物细胞学检查能够确定微生物的数量和类型有没有增加。耳拭子检查法操作步骤如下:

(1)将棉签轻轻插入耳道,旋转;

(2)用矿物油(如果需要)将从耳道内取出的蜡样物质进行溶解,用棉签搅拌,涂抹在载玻片上;

(3)如果是脓性分泌物,则在载玻片上轻微地滚动棉签;

(4)风干脓性分泌物涂片,细胞学染液进行染色(改良瑞氏染液或 Diff Quik);

(5)在低倍镜下观察整个片子,以找到螨虫感染的证据,一般而言,耳螨比较容易找到,另外,下调聚光器、浏览整个片子可以增加发现耳螨的可能性。

6.真菌培养法

DTM(真菌检测培养基)用于皮肤真菌的分离与鉴定。皮肤真菌检测培养基由特殊的材料组成,它能抑制细菌的生长,当真菌存在时培养基变成红色。细菌/真菌的培养在皮肤病诊断上具有重要的作用,任何深层蜂窝织炎特别是已经形成漏道的蜂窝织炎都应该进行细菌/真菌的培养。当进行鉴别诊断时,囊肿和肿瘤也应进行病原微生物的培养检测。操作步骤如下:

(1)将真菌检测培养基恢复到室温(在接种样品前将培养基保持在高温环境中可促进真菌的生长)。

(2)用酒精擦拭、消毒取样区,等待酒精干燥。用无菌镊子收集病变处毛发、鳞屑、痂皮,使用伍德氏灯检查呈现阳性的毛发可增加诊断的准确性。

(3)将收集的样本接种于室温状态的培养基表面,注意不要将样本置于培养基中,具有较大且可移动盖子的培养基更有利于样品的沉积(标准的有盖培养皿)。

(4)对于无明显损伤的动物,可用一新的毛刷刷动物整个被毛,收集样品,然后接种到培养板上。

(5)病变爪的培养可以通过下面的方式进行。剪掉病变趾/指,修剪表面得到一定的样品,接种到培养基上。寄生于角蛋白组织的皮肤真菌会引起特征性的甲营养不良表现。

(6)用透明胶带轻轻地接触将要进行评估的培养基上生长的真菌菌落,然后将胶带粘贴于载玻片上,滴加细胞染色液进行染色。

(7)检查载玻片以确定真菌的类型,大分生孢子在低倍镜下通常非常明显。犬身上出现犬孢子常常是继发于环境周围存在不表现临床症状的携带真菌的猫。毛癣菌或小孢子菌提示真菌感染是周围环境引发的(猫除外)。

7.伍德氏灯检查法

伍德氏灯所用的光源是波长为 340～450 nm 的特殊紫外光,该波段的紫外光不会损伤皮肤或眼睛,能使一些微生物(如小孢子菌)代谢产生的色氨酸代谢物发出苹果绿的荧光。但是,不是所有的小孢子菌都会产生这种细胞代谢产物,只有大约50%的犬小孢子菌能通过伍德氏灯检查出来。伍德氏灯检查法无法检测出毛癣菌属和石膏样小孢子菌属。

（二）细菌性皮肤病的诊断

犬猫细菌性皮肤病分为原发性和继发性两种。原发性皮肤病是直接由细菌引起的皮肤病。继发性皮肤病包括螨虫等外寄生虫感染引起的局部或者全身性皮炎、真菌感染引起的皮炎、坏死性蜂窝炎、毛囊炎、趾间皮炎、肛门腺炎等。

1. 皮褶炎

皮褶炎是皮褶过多的犬的皮肤浅表性细菌感染。感染可发生在短头品种犬的面褶、具有大嘴唇的犬的唇褶、尾呈螺旋状的短头品种的尾褶、阴门小而深陷的肥胖母犬的阴门褶以及躯体或腿部皮褶过多的部位(中国沙皮犬、巴赛特猎犬、腊肠犬及所有肥胖犬)。

（1）面褶皮炎。

不痛,不痒,有红斑,可能有恶臭气味,常并发外伤性角膜炎或角膜溃疡。

（2）唇褶皮炎。

临诊常见唾液积聚、浸渍而呼吸恶臭,下唇褶部有红斑,常并发牙结石、齿龈炎和流涎过多,可能引起口臭。

（3）尾褶皮炎。

尾下面的皮肤出现浸渍,有红斑、恶臭。

（4）阴门褶皮炎。

阴门褶有红斑、浸渍和恶臭,排尿有疼痛感,导致犬经常舔舐阴门,可能继发尿道感染。阴门褶皮炎应与尿液浸伤、原发性膀胱炎或阴道炎相区别。

（5）体褶皮炎。

红斑、皮脂溢出,常有恶臭,有时伴有轻度瘙痒。

2. 黏膜皮肤性脓皮病

黏膜皮肤性脓皮病是皮肤和黏膜接合处的细菌感染造成的。病变的特点是黏膜与皮肤交界处肿胀,有红斑和痂皮形成,可两侧对称。患部疼痛或瘙痒,易造成自体损伤,有渗出、组织开裂和色素减退。唇边,尤其是口角处常发病,且鼻孔、阴门、包皮和肛门处也时有发病。以病史、临床所见及排除其他类症为诊断基础。皮肤组织病理学检查可发现上皮增生,形成浅层上皮脓疱,有痂皮,皮肤苔藓化,但基底膜仍保持完整。真皮的浸润常以浆细胞为主,有淋巴细胞和中性粒细胞。注意与浅表性脓皮病、唇褶皮炎、蠕形螨病、皮肤真菌病、马拉色菌病、念珠菌病、自身免疫性皮肤病鉴别诊断。

3. 脓性创伤性皮炎（急性湿性皮炎、湿疹）

脓性创伤性皮炎是一种继发于身体损伤的急性速发性皮肤表面细菌感染。当动物瘙痒或受到疼痛刺激时,会舔舐、啃咬、搔抓或摩擦局部皮肤的上皮层,使其发生病变。该病常发生于炎热、潮湿季节,常见于犬,尤其是密毛、长毛犬。猫极少发病。脓性创伤性皮炎表现为动物发生急性瘙痒和脱毛,皮肤湿润、糜烂、有红斑,病变区迅速扩大、界线清楚。常为单一病灶,但也可能有多个病灶,常有疼痛。最常发病的部位为躯干、尾根、股外侧、颈部或面部。常根据病史、临床所见及排除其他类似疾病予以诊断。若进行细胞学检查(皮肤压片),可见化脓性炎症及混合性细菌。注意与蠕形螨病、皮肤真菌病、浅表性脓皮病鉴别诊断。

4.脓疱病(浅表性脓疱性皮炎)

脓疱病是无毛部皮肤的浅表性细菌感染,可能与易感疾病或其他潜在性病因有关,如内、外寄生虫,营养不良或环境不洁,常发生于初情期前的青年犬。发病部位局限在腹股沟和腋下皮肤,出现小的非毛囊性脓疱、丘疹和痂皮。病变部位无疼痛或瘙痒。常根据病变特点、病史、临床所见及排除其他类似疾病进行诊断。细胞学(脓疱)检查可见嗜酸性细胞和球菌;皮肤组织病理学检查为非毛囊性角质下脓疱,含有中性粒细胞和球菌;细菌培养为葡萄球菌。注意与蠕形螨病、浅表性脓皮病、昆虫叮咬、早期疥螨病鉴别诊断。

5.深部脓皮症

深部脓皮症是浅表性或毛囊的细菌感染破坏毛囊而形成疖病和蜂窝织炎。该病一般继慢性浅表性皮肤疾病之后发生,且大多有与之相关的诱因。在犬常见,而在猫罕见。局灶性、多灶性或泛发性皮肤病变,以丘疹、脓疱、蜂窝织炎、组织脱色、脱毛、出血性大疱、糜烂溃疡、痂皮以及形成浆液性,甚至化脓性瘘管为特征,最常发生在躯干和受到压迫的部位,常见淋巴结增大。如果动物发生败血症,也有发热、厌食和精神沉郁等症状。

细胞学(渗出物)诊断为化脓性肉芽肿性炎症,可见球菌和/或杆菌;皮肤组织病理学检查可见深部化脓性或肉芽肿性毛囊炎、疖病、蜂窝织炎和脂膜炎。可能难以找到病灶内的细菌。细菌培养:主要病原常为葡萄球菌,偶尔也能分离出假单胞菌,也常发生革兰氏阳性菌和阴性菌的混合感染。注意与蠕形螨病、真菌感染、放线菌病、诺卡菌病、分枝杆菌病、肿瘤、自身免疫性皮肤病鉴别诊断。

(三)真菌性皮肤病的诊断

1.马拉色菌病

厚皮马拉色菌是一种常在酵母菌,平常时少量存在于外耳道、口和肛门周围以及潮湿的皮褶内。当该菌在皮肤上过度生长或皮肤对其敏感时,即发生皮肤病。真菌的过度生长几乎总有潜在性原因,如遗传性过敏症、食物过敏、内分泌疾病、角化异常或长期应用抗生素治疗。在犬常见,在猫罕见。

犬:中度至剧烈瘙痒,有区域性或全身性脱毛、表皮脱落、红斑和皮脂溢。慢性感染的皮肤可能发生苔藓化、色素沉着和过度角化,常散发出难闻的气味。病变可位于趾间隙、颈下、腋下、会阴部、腿褶。发生甲沟炎时,甲床呈暗褐色,出现破溃。常并发酵母菌引发的外耳炎。

猫:症状包括具有黑色蜡样分泌物的外耳炎、慢性下颌部痤疮、脱毛和/或多灶性至全身性红斑和皮脂溢。

细胞学(纸带标本、皮肤压片)检查:每一高倍视野(100倍)发现两个以上卵圆形芽生马拉色菌即可确定为马拉色菌过度生长。在酵母过敏病例可能难以发现该菌。皮肤组织病理学检查:浅层血管周围至间质的淋巴组织细胞性皮炎,伴有角质内酵母菌,偶可见假菌丝,病原菌数量少时难以发现。真菌培养为厚皮马拉色菌。注意与其他原因引起的瘙痒和皮脂溢,如蠕形螨病、浅表性脓皮病、皮肤真菌病、外寄生虫和变应性疾病等相鉴别。

2.犬小孢子菌病(钱癣)

犬小孢子菌病(钱癣)是一种嗜角质真菌引起的毛干和角质层感染,在犬猫常见,幼龄犬猫、免疫减退的动物和长毛猫的发病率最高。皮肤病变可为局限性、多灶性或全身性,如伴有瘙痒,常为轻度或中度,偶有剧烈瘙痒。病变区多见圆形、不规则或泛发性脱毛,有不同程度的鳞屑,残留的毛多为毛茬或折断的毛。犬猫的其他症状为红斑、丘疹、痂皮、皮脂溢和一个指(趾)或多个指(趾)发生甲沟炎或甲营养障碍。猫的临诊病例中偶有粟粒状皮炎或皮肤结节(见皮霉菌肉芽肿与伪足分枝菌病)。犬的其他皮肤表现包括面部毛囊炎和疖病,与鼻部脓皮病相似,腿部和面部出现脓癣(急性脱毛和破溃的结节),躯干下部也出现皮肤结节(见皮霉菌肉芽肿与伪足分枝菌病)。猫尤其是长毛猫常无症状带菌(亚临床感染)。

犬小孢子菌在紫外线灯(伍德氏灯)的照射下呈现黄绿色荧光,这是一种简单的显色检查,但常有假阳性和假阴性结果。显微镜检查(将毛发或皮屑放在氢氧化钾中制备标本),可能会寻找到被菌丝和节孢子侵害的毛干,真菌单体常难以发现。皮肤组织病理学检查可见不同程度的毛囊周围炎、毛囊炎、疖病、浅表性血管周围性或间质性皮炎、表皮和毛囊角化正常或角化不全,间或有化脓性皮炎。如果不做特殊的真菌染色,表皮层或毛干的菌丝和节孢子难以发现。真菌培养可见小孢子菌。

(四)寄生虫性皮肤病的诊断

1. 蜱虫感染

犬比猫更容易感染蜱虫。蜱虫感染的症状包括蜱虫接触区域出现炎性结节,出现蜱传播性疾病症状、蜱麻痹。蜱虫通常出现在耳部和指(趾)间,也可出现在体表的其他部位。

2. 蠕形螨病

蠕形螨病是一种由蠕形螨引起的全身性皮肤病。依据发病犬的年龄,全身性蠕形螨病可分为幼年型和成年型,两种类型在犬都常见。幼年型全身性蠕形螨病一般感染3~18月龄的年轻犬,中型和大型纯种犬的发病率最高。成年型全身性蠕形螨病发生于18月龄以上的犬,以中老年犬免疫减退造成身体状况低下时发病率最高,如内源性或医源性肾上腺皮质功能亢进、甲状腺功能减退、免疫抑制性药物治疗、糖尿病、肿瘤。

蠕形螨病的临床症状各异,起初常为局灶性皮损,随后扩大,常出现斑片状、局灶性、多灶性或弥漫性脱毛,伴有各种红斑、银灰色皮屑、丘疹和/或瘙痒。感染皮肤可能出现苔藓化、色素过度沉着、脓疱、糜烂、粗糙和/或浅表性溃疡或深部脓皮病。皮损可出现在包括爪部在内的全身任何部位。爪部皮炎以同时出现下列症状为特征:指(趾)间瘙痒、疼痛、红斑、秃毛、色素过度沉着、苔藓化、鳞屑、增生、结痂、脓疱、大疱以及窦道。常出现体表淋巴结肿大。如发生细菌继发感染,也可能出现全身症状(发热、沉郁、厌食)。

显微镜检查(深部皮肤刮取物)可见大量蠕形螨成虫、若虫、幼虫和/或卵(在纤维化病变部位和爪部不易发现)。皮肤组织病理学检查可见毛囊内有蠕形螨,伴发不同程度的毛囊周围炎、毛囊炎和/或疖病。

蠕形螨病应注意与脓皮病(浅表性或深部)、皮肤真菌病、过敏(蚤叮、食物、遗传性过敏)、自身免疫性皮肤病相鉴别。

3. 犬疥螨病

犬疥螨病由在表皮内掘穴寄生的犬疥螨引起,在犬常见。这种螨虫分泌致敏物质,从而引起敏感犬剧烈瘙痒。感染犬通常有在动物庇护所生活的经历,与流浪犬有接触,或者去过美容室或公共场所。犬疥螨病多发于饲养环境不佳的多犬只家庭,常表现为非季节性剧烈瘙痒,对皮质激素的治疗反应差。

皮肤病变包括丘疹、脱毛、红斑、结痂和表皮脱落。最初,小面积皮肤发病——跗关节、肘头、耳缘以及下腹部和颈部。在慢性感染时,皮损可波及全身,但躯干背侧的病变较少。感染犬常出现周围淋巴结肿大,可能引起体重下降和虚弱。严重感染的犬可表现出严重的鳞屑和结痂。有些犬出现剧烈瘙痒,但皮损轻微。也有的犬仅仅带虫而不表现出任何症状,但这种情况不常见。

通常根据病史、临床检查以及对杀疥螨治疗的反应确诊。用拇指和食指按摩耳缘,可能引发搔抓反射,这种反射有很强的提示性,但不是疥螨的特异性示病症状。显微镜检查(表层皮肤刮取物)有可能检出疥螨、若虫、幼虫和/或卵,检查不出的情况很常见,因疥螨很难找到。血清学测疥螨抗原的抗体;皮肤组织病理学(通常无诊断意义)不同程度的表皮增生。浅表性血管周围炎,伴有淋巴细胞、肥大细胞和嗜酸性粒细胞。角质层内很少能发现疥螨的残体。注意与过敏(蜱叮、食物、接触性或遗传性过敏症)脓皮病和马拉色菌性皮炎鉴别诊断。

4. 猫疥螨病

猫疥螨病是一种由寄生于皮肤浅表层的猫耳螨引起的皮肤病,导致猫出现剧烈瘙痒,皮肤干燥并且结痂。病变部位先出现在耳郭的内侧,而后很快扩散至耳朵、头部、面部和颈部。因为瘙痒,猫会用前、后腿抓挠,病变部位可能因此而蔓延至爪部和会阴部。有耳螨寄生的部位会出现皮肤增厚、苔藓化、脱毛、结痂和/或表皮脱落。通常体表淋巴结肿大。如果不采取治疗,病变会波及大面积皮肤,猫出现厌食、消瘦,严重情况下可导致死亡。

诊断:①显微镜检查表层皮肤刮取物,检出猫耳螨若虫、幼虫和/或卵;②皮肤组织病理学——浅表性血管周围性或间质性皮炎,出现数量不等的嗜酸性粒细胞和局部角化不全,可能在表皮碎片中找到螨虫片段。注意与耳螨、皮肤真菌病、蠕形螨病、过敏(蚤叮、食物、遗传性过敏症)自身免疫性皮肤病鉴别。

5. 蚤病

感染犬猫的跳蚤中最常见的是猫栉头蚤。在温带,蚤病一般只在温暖季节发病;在气候较为温暖的地区,可常年发病。蚤是引起犬猫皮肤病的常见病因。

对蚤不过敏的犬通常没有症状(无症状的携带者),但也可能发生贫血,有绦虫,出现轻微的皮肤瘙痒,继而发展成脓性创伤性皮炎和/或出现肢端舔舐性皮炎。蚤过敏性犬会出现瘙痒、丘疹、结痂性疹,伴有继发性皮脂溢、脱毛、表皮脱落、脓皮病、色素沉着、苔藓化。病变部位通常位于后背腰荐区、尾根背侧、股部、腹部、胁腹部。

对蚤不过敏的猫通常没有症状(无症状的携带者),但也可能发生贫血,有绦虫,继而发展成轻微的皮肤瘙痒。蚤过敏性猫常出现瘙痒性栗粒状皮炎,伴有各种继发性表皮脱落、结痂和脱毛。病变部位通常包括头部、颈部、后背腰荐区、股部和/或下腹部。蚤病的其他症状包括对称性脱毛,这是过度理毛和病变处的嗜酸性肉芽肿引起的。

诊断:①通常基于病史和临床所见;②在躯体上见到蚤或蚤粪(在对蚤过敏的动物可能很难);③过敏试验(皮内和血清学)——蚤抗原皮肤试验阳性的或血清抗蚤抗体IgE阳性的动物,高度提示蚤过敏性皮炎,但也可能存在假阴性结果;④皮肤组织病理学(无诊断意义)——不同程度的表皮或深部血管周围性到间质性皮炎,常伴有嗜酸性粒细胞密集。

思考题

简述常见的皮肤病检查方法。

一、血气检查

(一)血气分析的项目及功能

血气分析可以检查的项目包括血糖、尿素氮、肌酐、钠、钾、氯、乳酸盐、二氧化碳总量、钙离子、阴离子间隙、血细胞比容、血红蛋白、活化凝血时间、动脉血气、酸碱度(pH)、二氧化碳分压、氧分压、碳酸氢根、细胞外液碱剩余、氧饱和度、静脉血气。

血气分析对患严重疾病的犬猫尤其有用,如严重的脱水、呕吐、腹泻、少尿和无尿、高钾血症和呼吸急促等,对于患呼吸系统疾病的犬猫,检测换气和二氧化碳总量也是必需的。血气分析能鉴别不同类型的酸碱平衡失调,以及评估呼吸系统机能。现在动物临床上多用美国 i-STAT 便携式手持血液分析仪。

(二)血气指标的判读

血气分析能及时、准确地反映机体的呼吸和代谢功能,客观地评价动物的氧合、通气及酸碱平衡状况;同时可以反映动物肺脏、肾脏及其他内脏器官的功能状况,是监测急诊动物病情变化的主要指标;对于危急症的诊断、治疗和预后的判断有重要作用,提高了兽医诊疗水平。随着市场的需要和宠物医疗水平的发展,酸碱平衡的判断已逐渐成为临床日常诊疗的基本手段。

1. pH

健康犬的血液 pH 值为 7.31~7.46,健康猫的血液 pH 值为 7.21~7.41。不同种类动物的 pH 值略有不同,pH 值在 7.2~7.6 时一般不需要处理,但需要处理原发病因;pH≤7.0 或 pH≥7.6 时,动物可能有生命危险,需紧急处理。

2. 氧分压

氧分压指物理溶解于血浆中的 O_2 产生的张力,反映机体缺氧的程度。动脉血 PaO_2 可提示肺部的氧交换能力,静脉血 PvO_2 可提示外周组织利用氧的情况。

3. 动脉血氧饱和度

动脉血氧饱和度指血液中被氧结合的氧合血红蛋白的容量占全部可结合的血红蛋白容量的百分比,即血液中血氧的浓度,它是呼吸循环的重要生理参数。

4. 二氧化碳分压

二氧化碳分压指血浆中呈物理溶解状态的 CO_2 分子产生的压力。动脉血 $PaCO_2$ 能反映肺泡通气量的情况,是判读通气过度或通气不足的唯一可靠标准。静脉血二氧化碳分压数值并没有实际临床意义。

5. 二氧化碳总量

二氧化碳总量是指血浆中所有以各种形式存在的二氧化碳（CO_2）的总含量，是血液中溶解的 CO_2 和 HCO_3^- 总和，其中大部分（95%）是结合形式的。

6. 碳酸氢根

碳酸氢根是二氧化碳在血液当中运输的主要形式，也是反映酸碱失衡代谢性因素的指标，可见于代谢性酸中毒、代谢性碱中毒和呼吸性酸碱紊乱时代偿。血气分析报告当中，碳酸氢根离子主要包括实际碳酸氢根和标准碳酸氢根。实际碳酸氢根是指在隔绝空气的条件下，取血分离血浆测得的 HCO_3^- 实际含量。标准碳酸氢根（SB）指动脉血液标本在 37 ℃ 和血红蛋白完全氧合的条件下，用 PCO_2 为 40 mmHg（5.33 kPa）的气体平衡后所测得的血浆碳酸氢根浓度。

7. 细胞外剩余碱

剩余碱是在 38 ℃ 下，血红蛋白完全饱和后，经二氧化碳分压为 40 mmHg 的气体平衡后的标准状态下，将血液标本滴定至 pH 等于 7.40 时所消耗的酸或碱的量，表示全血或血浆中碱储备增加或减少的情况。剩余碱只受固定酸或挥发酸的影响，被认为是代谢性酸碱失衡的指标。用酸将血液标本滴定至 pH＝7.4 时，细胞外剩余碱用正值表示，若用碱滴定至 pH＝7.4，则细胞外剩余碱用负值表示。

8. 阴离子间隙

阴离子间隙（AG）是一个计算值，是血浆中未测量阴离子（UA）和未测量阳离子（UC）的差值。$AG＝(Na^+ + K^+) - (CL^- + HCO_3^-)$

9. 乳酸

乳酸是糖无氧氧化（糖酵解）的代谢产物。乳酸产生于骨骼、肌肉、脑和红细胞，经肝脏代谢后由肾分泌排泄。血乳酸测定可反映组织氧供和代谢状态以及灌注量不足。临床医生通过监测乳酸来评估治疗效果，乳酸水平降低说明组织氧供得到改善。

10. 离子钙

离子钙是以游离状态存在的血清钙。离子钙是血钙的生理活性形式，许多重要的生理过程都与离子钙的浓度有关。离子钙较总钙更能反映患病动物的临床症状与钙代谢的关系，因此更具有临床意义。

二、细胞学检查

细胞学是研究机体细胞的学科。它适用于检查体液（如脑脊液、腹腔液、胸腔液和关节液）、黏膜表面（如气管或阴道）以及分泌物内（如精液、前列腺液和乳汁）的细胞。细胞学检查的首要目的是鉴别炎症和肿瘤。

（一）样品采集

对于动物身体上或手术切除的实质性肿块的细胞学样品，可以通过涂抹、刮、压、细针抽吸的方式来采集组织检查，既能用于固体样品，也能用于液体样品。

1. 拭子法

当不能进行按压、刮和抽吸时，通常选择用棉签涂抹，例如窦道和阴道样品的收集，常使用湿润、无菌的棉签或人造丝棉签涂拭采样部位。可以用无菌等渗液湿润棉签,如0.9%生理盐水。湿润的棉签可以减少采样和制片对细胞的损坏。在收集阴道棉签样品时,动物站立保定,尾部上举;清洁和冲洗其阴门,然后用润滑过的开张器或平滑的塑料管探入尿道口的头侧。这样收集到的是阴道壁(上皮细胞和嗜中性粒细胞)和子宫脱落的细胞,尤其在母犬处于发情前期和发情期时,阴道内有从子宫内流出的红细胞。如果病变部位湿润,则无须湿润棉签。采样后将棉签沿着载玻片轻轻滚动。棉签不要在玻片上来回摩擦,这样会过多地破坏细胞。

耳道的样品可能含有大量蜡质,这会干扰对样品的评估。为了减少这种影响,可以微微加热玻片。让玻片快速经过火焰或用吹风机轻微加热,使蜡质溶解。应避免过度加热对样品细胞造成的损害。

2. 刮片法

刮取后制片可以用于尸体剖检或手术切除的组织,或是活体动物外部病变的组织采样。刮片法的优点是能从组织上收集大量的细胞,尤其在病变部位坚硬且能获得细胞量低的时候。刮片法的主要缺点是采样较困难,而且只能收集浅表的细胞。刮取的浅表性病变部位经常只能反映出继发的细菌感染、炎症引起的组织发育不良,因而会大大妨碍对肿瘤的诊断。兽医技术人员刮片时,应该先清洁病变部位,并吸干其表面的液体,然后捏住手术刀片,使刀片垂直于病变部位,朝向自己刮取数次。将刀片上收集的物质置于载玻片中间,然后将样品展平。具体展开方法,详见下文的涂片制备。

3. 压印法

压印法细胞学评估用于活体动物体表的病变,或手术切除及尸体剖检时切除的组织。此法采样容易,而且不会受到很多限制,但是收集的细胞量不如刮片法多,且其样品比细针活检法更容易含有大量的污染物(细菌和细胞)。因此,浅表病变的压片结果经常只反映出局部继发的细菌感染、炎症引起的组织发育不良。在许多病例中,细菌和组织发育不良会明显干扰对肿瘤的准确诊断。

压印法用于表面病变,采用此操作前应准备4~6张干净的载玻片。在清洁病变部位之前用一张载玻片按压,并标记为1号片。然后用无菌生理盐水湿润的手术纱布清洁病变部位,再用另一张载玻片按压制片,标记为2号片。再次清创并压片,标记为3号片。如果病变处存在结痂,应将结痂的内面压片,并标记为4号片。撕开结痂后的创面,既可按压制片,也可刮取或用棉签收集样品。

当用压印法收集手术切除或尸体剖检的组织样品时,应该先用干净吸水的材质吸干表面的血液和组织液。过多的血液和组织液会阻止组织上的细胞黏着于载玻片,使制作出的玻片无法含有丰富的细胞,而且过多的液体会使细胞无法快速干燥,从而不能在玻片上舒展出应有的面积和形状。如果采样不及时,可以先用刀片刮出新鲜创面,再吸干创面上过多的液体,然后按压制片。用载玻片的中心接触被吸干的组织表面,然后按压。每张玻片可进行多处按压。用上述方式重复制作多张玻片,以便在必要时用于其他特殊染色。

4. 细针活检法

细针活检法可用于采集肿块,包括淋巴结、结节性病变和内脏器官的样品。对于皮肤病变,此方法的优势是可以避免浅表的污染(细菌和细胞)。然而,相比其他采样方法,例如刮片法,它采集的细胞较少。实施细针活检法时,既可以进行抽吸,也可以不抽吸。

如果要对部分样品进行微生物检查,或要穿透体腔采样(如腹腔、胸腔和关节腔),则需要对采样部位按照手术程序进行准备,其他的准备方法与疫苗接种或静脉注射时一样。可以用酒精棉签清洁采样部位。

细针活检抽吸法可使用 21～25 号针头和 5～20 mL 注射器。抽吸的组织越柔软,使用的针头和注射器越小。即使对于纤维瘤这样的硬质组织,也很少用到大于 21 号的针头。当使用较大号的针头时,更易抽吸到组织团块,导致适宜制备细胞学涂片的游离细胞较少,而且较大的针头容易造成更多的血液污染。注射器的大小取决于所抽组织的质地。柔软的组织,例如淋巴结,通常使用 5 ml 注射器。硬质组织,例如纤维瘤和鳞状细胞癌,需要较大的注射器来形成更大的抽吸力,以便获得足够的细胞。由于在抽吸前,许多组织的质地无法判断,也就无从得知最理想的注射器型号,因此最常选用 12 mL 注射器。

穿刺时应牢牢固定皮肤和肿块,控制好针头的方向。将带有注射器的针头刺入肿块的中心,通过抽拉注射器栓,形成强力的负压,注射器栓抽拉的长度应接近注射器体积的 3/4。要对肿块的多处进行采样,必须避免将样品抽入针筒内,还应注意不能抽吸肿块周围的组织污染样品。如果肿块的体积足够大,不易使针头穿出,可以让针头在肿块内部向不同方向来回穿刺,注意在针头改变方向和移动期间始终保持负压。但是,如果肿块不够大,不适合针头来回移动,在针头改变方向和移动期间应解除负压。只有当针头静止时才制造负压,通常合格采样不应该在注射器中见到样品。

5. 组织活检法

组织活检指用一块组织样品进行细胞学、组织病理学检查。许多器官或组织,包括肾脏、肝脏、肺脏、淋巴结、前列腺、皮肤、脾脏和甲状腺,或肿块(肿瘤)均可进行活组织检查。活组织检查技术包括刀片轻刮、针抽吸和切除,切除技术又包括钻取活检和内窥镜引导的活检。要根据组织的不同来应用各种活检技术。需要考虑的方面有组织的位置、可操作性及其性状。先为活检组织的皮肤表面剃毛,注意不要对皮肤造成刺激和引起炎症。不建议清洁活检部位,而且这样做也无任何必要。一定不要擦洗掉病变表面的任何鳞屑、结痂或杂质,因为这些都有可能提供有价值的诊断线索。

用于组织病理学检查的样品通常用 10% 中性磷酸盐缓冲福尔马林液固定。为了保证充分的固定,组织的厚度不能超过 1 cm,固定液的量应约为样品体积的 10 倍,所用容器应为能够密封液体的瓶子。对于大块组织,固定 24 h 后,可以将其移至一个较小的瓶内,使用较少的福尔马林浸泡。

6. 气管/支气管冲洗

对来自气管、支气管或细支气管的样品进行细胞学评估有助于对动物肺病的诊断。进行气管冲洗需要对动物实施麻醉,通过使用气管插管(经口腔气管通路)放入导管,对于有意识的镇静动物,也可以通过鼻腔(经鼻气管通路)或皮肤和气管(经皮通路)放入导管。经气管通路获得的样品被咽部污染的可能性最小,但是这个过程损伤性强,而且需要无菌操作。以上操作对大动物和小动物均适用。

经肺气管冲洗技术适用于非常小或易怒的犬猫。必须对犬猫实施轻度麻醉,并且进行气管内插管,再通过气管内插管放入一个导尿管或静脉导管,注入盐水的方法与经皮法相同。可使用红色橡胶管,但是一定要小心,抽吸高黏滞样品时橡胶管可能发生塌陷。在麻醉状态下,动物通常不会咳嗽,所以在几秒内就要抽回盐水并进行评估。经口腔细支气管肺泡灌洗主要用于收集下呼吸道样品。支气管镜检查是实施肺泡灌洗的理想方法,但需要特殊设备(如支气管镜)。无论哪种方法,仅仅灌注少量的盐水就能在最初的采集中获得丰富的样品。动物随后的咳嗽也能排出有意义的细胞,因此,在动物回笼后,应采集其咳嗽出的全部液体,把这些液体放置在一个无菌管中,并标记采样位置。这种样品通常已被污染,然而,一旦初期采集的样品不能提供足够的信息时,该样品可作为弥补,二次采集的样品有时也能用来评估。

(二)涂片制备

1.实质性病变涂片的制备

针对实质性病变,包括淋巴结和内脏器官,有多种方法适合制作涂片,用于细胞学评估。涂片制备技术的选择受个人经验和样品特征影响。因此建议联合使用这些制备技术。相关细胞学制备技术描述如下。

压印制片有时也称挤压制片,能够制作出非常好的细胞学涂片。然而,人们操作时经常由于没有经验而破坏了太多细胞,或因样品不够伸展而制作出无法判读的细胞学涂片。压印制片是将抽吸物排放于载玻片的中间,然后在抽吸物上轻轻平放另一张玻片(涂抹玻片),并与第一张载玻片(制备玻片)垂直,最后将涂抹玻片快速而平滑地拉过制备玻片。不要在涂抹玻片上加力,因为这样可能引起过多的细胞损伤,使样品无法判读。

操作步骤(见图 7-1):

将样品放置在载玻片(毛玻璃一侧)的中间;

放上第二张玻片,与第一张垂直;

将第二张玻片的毛玻璃面朝下,从样品的正上方放下,接近样品;

允许样品有几秒钟的扩散时间;

将第二张玻片(上面的玻片)平拉过底部的玻片,动作要流畅;

风干第二张玻片并染色观察。

星形制片是一种用于分散抽吸物的技术,是用注射器的针尖沿多个方向向周边拖拉抽吸物,形成星形(见图 7-2)。这一过程不会破坏脆弱的细胞,但是会让细胞的周围残留一层厚厚的组织液。有时候这样的组织液会影响细胞的伸展,并干扰对细胞细节的评估。尽管如此,该方法还是有一些可取之处的。星形制片技术特别适合用于高度黏性样品的制备。

2.液体样品涂片的制备

采集到液体样品后,应立即制作细胞学涂片。如果可能的话,应该把用来做细胞学检查的液体样品收集在 EDTA 管中。可以用新鲜的、被摇匀的液体直接制片,或是用经离心的样品沉淀物进行楔形制片(血涂片)。液体中的细胞数量、黏度和均匀性决定了应该选择何种制片技术。

线形制片:如果液体不能离心浓集,或离心后依然细胞量少,可采用线形制片技术来浓集玻片上的细胞。把一滴液体滴在干净的载玻片上,然后使用血涂片技术制片,当将涂抹玻片推至通常血涂片的 3/4 长度时,直接向上抬起,形成一条密度远远高于其他部位的细胞线。但同时,过量的液体也被保留在线上,会阻止细胞很好地扩散。

3.染色

虽然许多涂片制备方法在染色的同时也能起到固定细胞的作用,但是分开执行各个步骤更有利于制作出更高质量的染色玻片。对细胞学样品固定效果较好的试剂是 95％ 的甲醇。

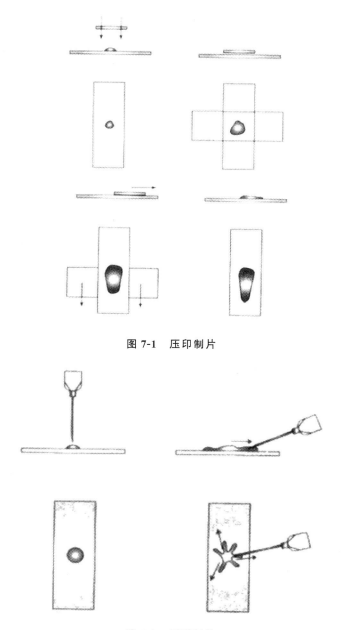

图 7-1 压印制片

图 7-2 星形制片

甲醇必须新鲜,未被染液和细胞碎屑污染。保存甲醇的容器必须处于密闭状态,防止甲醇挥发或吸收空气中的水分,因为吸收水分会使载玻片上出现伪影。细胞学样品的载玻片应该固定2~5 min。较长时间的固定能够提高染色质量,且不会破坏样品。

用于细胞学制片的染色方法有多种。最常见的染色方法有罗曼诺夫斯基染色法(瑞氏染色、瑞氏-吉姆萨染色、Diff-Quik 染色)和巴氏染色法及其衍生方法(如 masson 三色染色法)。以上两大类染色法各有优缺点。但是,由于罗曼诺夫斯基染色法的效果更好、更实用,而且试剂更容易购买,因此在后文中主要介绍罗曼诺夫斯基染色法的操作过程。

（1）罗曼诺夫斯基染色法。

罗曼诺夫斯基染色剂容易购买，并且价格不高，容易制备、保存和使用。它能很好地将微生物和细胞质染色。虽然罗曼诺夫斯基染色法不能像巴氏染色法那样将细胞核和核仁染得细节分明，但是染出的细胞核和核仁的清晰程度也足够用于辨认肿瘤和炎症，以及评估是否是恶性肿瘤细胞（恶性标志）。

在使用罗曼诺夫斯基染色剂之前应该先风干涂片。风干能够使细胞牢固地保存（固定）在载玻片上，使它们不易在染色过程中脱落。许多罗曼诺夫斯基染色剂都能在市场上购买到，包括 Diff-Quik 和其他快速瑞氏染色剂。大部分的细胞学制片都可以使用罗曼诺夫斯基染色剂染色。Diff-Quik 染色剂不会发生异染反应，因此，有些肥大细胞颗粒不会被染色，这样的肥大细胞容易被误认为巨噬细胞，致使部分肥大细胞瘤被漏诊。延长固定时间至 15 min 可能会减少该问题的出现。在血液或骨髓抽取涂片的评估中，Diff Quik 染色剂不能很好地染出多染性红细胞，偶尔也不能染出嗜碱性粒细胞。如果读片人经常使用罗曼诺夫斯基染色法，那么上述情况不会引起很大的问题。每种染色方法都有单独的染色程序，这些程序的细节变化都应该依据涂片的类型和厚度，以及操作者的个人习惯来确定。涂片越薄，液体的总蛋白浓度越低，需要的染色时间越短。涂片越厚，液体的总蛋白浓度越高，需要的染色时间越长。因此，像腹腔液这样的低蛋白、低细胞含量的液体涂片，染色时间一定要少于推荐时间，甚至只需要平时时间的一半。对于厚的涂片，例如肿大的淋巴结抽吸涂片，时间可以加倍，甚至更长。每名技术人员在染色技术方面都有自己的习惯。可以通过改变常规染色推荐的时间间隔，突出每种涂片的不同特征。

（2）新亚甲蓝染色法。

新亚甲蓝染色法常被用于辅助罗曼诺夫斯基染色法。此方法染出的细胞质不清楚，但是能非常清楚地染出细胞核和核仁的细微结构。由于新亚甲蓝染出的细胞质颜色很淡，因而能更好地突出细胞团中细胞核的细节。通常新亚甲蓝不能染出红细胞，可能只有一个淡蓝的阴影。因此，涂片中大量红细胞的污染不会遮盖有核细胞。

（3）巴氏染色法。

巴氏染色法能够很好地染出细胞核和细胞质的细微结构。它能让观察者清楚地看到细胞团中的多层细胞，并能很好地评估细胞的细胞核和核仁的变化。此法不能像罗曼诺夫斯基染色法那样对细胞质进行强力染色，因此，不能很好地显示细胞质的变化。它对细菌和其他微生物的染色显示也不如罗曼诺夫斯基染色法清晰。巴氏染色法需要多重步骤和较长时间。另外，此试剂在临床门诊中很难获得、制备和保存。巴氏染色法和其衍生方法需要对样品湿固定（即涂片在干燥之前就应被固定）。湿固定需要样品与固定液一起被涂布，或涂片制备后立即被放入甲醇中。制作涂片时应该使用蛋白包被的载玻片，以免涂片在放入甲醇中浸泡时，细胞从载玻片上脱落。

4. 评估

对细胞学制片进行评估时应该先使用低倍镜（100 倍），观察整张载玻片是否染色充分，同时寻找细胞数量丰富的区域。要降低光的折射，从而提高分辨率，可以滴 1 滴浸镜油在载玻片和盖玻片之间。按部就班地执行检查程序才能保证结果的准确性。较大的物体，例如细胞团块、寄生虫、结晶和真菌菌丝都能在低倍镜下检查。初步评估的目的是辨认细胞的种类和每种细胞的数量,从而决定细胞构成的特征和样品的成分。然后使用高倍镜(400倍或450倍)进行检查,评估和比较单个细胞和更多的细胞特征。可用油镜来鉴别特殊细胞核的恶性标志和细胞质是否存在恶性变化,以及各种炎性反应。细胞学报告应该写明所发现的细胞种类,以及其外观特征和数量比例。

炎症是机体对组织损伤或微生物侵害的正常生理反应。在液体样品中,如果有核细胞计数超过5000个/pL,通常说明发生了炎症。液体混浊(可能呈现白色或浅黄色)的情况下,一般总蛋白高于3 g/dL。根据不同类型细胞出现的相对数量,炎症可以分为化脓性炎症、肉芽肿性炎症、脓性肉芽肿性炎症或嗜酸性炎症。化脓性炎症以大量嗜中性粒细胞的出现为特征,一般占有核细胞总数的85%以上。当巨噬细胞明显增加(多于15%)时,样品可以被认为出现肉芽肿性或脓性肉芽肿性炎症,真菌和寄生虫性感染经常造成此类炎症。嗜酸性炎症的特征为,嗜酸性粒细胞的出现比例高于10%,同时嗜中性粒细胞数量也显著增加,这种炎症经常发生于寄生虫感染,但也存在于肿瘤疾病中。

一旦确认样品有炎性反应,就要进一步评估细胞是否发生变性和是否存在微生物。炎性细胞(例如嗜中性粒细胞)的细胞核可能出现核溶解、核碎裂和核固缩,核溶解的出现最有临床意义。核固缩意味着慢性细胞死亡(老化),可见细胞核变小、浓缩和深染,还可能出现碎片(核破碎)。发生核溶解说明细胞正在快速死亡,就像在一些败血性(细菌性)炎性反应中常发生的那样,细胞核肿胀、残破,细胞膜破损、淡染。还应评估是否出现细菌。败血症是指炎性细胞内出现被吞噬的微生物。能被细胞吞噬的其他物质包括红细胞、寄生虫和真菌。

肿瘤与炎症不同,它通常只存在一种细胞的均质细胞群;有时也会出现混合的细胞群,这主要是由于肿瘤区域同时发生了炎症。当涂片中出现的细胞起源于相同的组织时,即显示为肿瘤。一旦确认是肿瘤,技术人员应进一步确定组织的来源,并评估细胞的恶性特征。

必须先鉴别肿瘤是良性还是恶性的。良性肿瘤表现为一种增生现象,细胞核无恶性标志;所有细胞属于同种,而且外观相对一致。细胞至少要存在三种异常的细胞核构型才能称为恶性。恶性的细胞核标志主要有:细胞核大小不均;同种细胞在大小和形状上的各异;细胞核/细胞质比例增高或改变;有丝分裂活性增高,正常组织中的有丝分裂很罕见,而且细胞通常平均分为两部分;染色质纹理比正常细胞粗糙,还有可能呈黏丝状或带状;在同一细胞内或相邻细胞间的细胞核相互挤压,引起核变形;一个细胞内存在多个细胞核;核仁的大小、形状和数量(多核仁)各异。总之,如果出现三种或更多的恶性标志,那么就可以认为肿瘤是恶性的。这种基本原则也有例外,例如同时出现炎症或是只有少数细胞显示出恶性特征。细胞学的发现需要组织病理学的进一步证明,这对大多数肿瘤(不论在细胞学表现为良性或恶性)都是很重要的。而且,细胞学检查出的良性细胞可能来自恶性肿瘤。组织病理学检查的优点是能够评价多种因素,例如肿瘤细胞的局部组织浸润,对血管或淋巴管的侵害。这些恶性肿瘤的特征无法靠细胞学证明。

三、免疫学诊断

免疫学诊断是应用免疫学理论设计的一系列测定抗原、抗体、免疫细胞及其分泌的细胞因子的诊断疾病的过程。现在犬猫疾病快速检测试剂多由国外厂商生产,我国也研制生产出多种犬猫疾病快速检测试剂。

1. 抗原检查方法

（1）犬细小病毒抗原快速检测试剂。

目前国内多采用胶体金快速诊断试纸条，其特点为快速、简便、准确和灵敏度高。用试纸条检验粪便中的犬细小病毒抗原，来诊断犬细小病毒性肠炎和心肌炎，一般只需 5～10 min 即可。

犬细小病毒抗原快速检测试剂可检测犬细小病毒 1 型及 2 型抗原，敏感性高达 100%，特异性达 98%。独特的强阳性、弱阳性半定量检测，帮助兽医更好地了解动物病情。此试剂不受细小病毒疫苗注射干扰的影响。

结果判定如下。

阴性：检测线上没有颜色反应，只在对照线上显示酒红色的反应。

阳性：检测线和对照线都显示酒红色的反应。

无效：对照线上不显示酒红色的反应。

用犬细小病毒抗原快速检测试剂检验猫粪便中的犬细小病毒抗原，如果显示为阳性，表示猫体内有犬细小病毒，但并不引起猫发病，故不需治疗。有报道称，3 月龄幼犬打疫苗前，用犬细小病毒抗原快速检测试剂检验显示弱阳性，间隔半个月又做 2 次检验，都是弱阳性。但此犬精神、体温、呼吸和脉搏，以及吃喝、拉屎、撒尿均正常。做血液常规检验，其指标也都在正常范围内。后决定打疫苗，打疫苗后未见任何异常反应。

（2）犬瘟热病毒抗原快速检测试剂。

犬瘟热病毒抗原快速检测试剂可检验犬类眼部分泌物或结膜分泌物、鼻液、唾液、尿液、血清或血浆中的犬瘟热病毒抗原。检测可在 5～10 min 完成。此试剂采用免疫色谱分析法，定性检测犬类眼结膜上皮细胞和鼻腔上皮细胞中的犬瘟热病毒抗原。为了提高检测的准确性，用两个棉签分别取眼结膜和鼻腔上皮细胞，都浸入反应缓冲液，然后混合缓冲液，再进行实验。一般在 10 min 内即可出结果。结果判定同犬细小病毒抗原快速检测。

（3）犬冠状病毒抗原快速检测试剂。

犬冠状病毒抗原快速检测试剂采用快速诊断试纸，以免疫色谱分析法定性，用以检测犬类粪便中的犬冠状病毒抗原。检测后需要等待 5～10 min 判断结果，不要超过 20 min。现已有"犬细小病毒/冠状病毒抗原检测试剂"，可同时诊断犬的两种疾病。结果判定同犬细小病毒抗原快速检测。

（4）犬布鲁氏杆菌抗原快速检测试剂

犬布鲁氏杆菌抗原快速检测试剂利用犬流产时的分泌物来检测犬布鲁氏杆菌抗原。现在还有犬布氏杆菌抗体检测试剂，用以检验犬是否暴露过布氏杆菌或感染了布氏杆菌，此检测是一种普查方法。

2. 抗体的检测技术

（1）酶联免疫吸附试验。

酶联免疫吸附试验是检测特异性抗原，如病毒、细菌、寄生虫或者血清中激素水平的一种准确的方法。该方法可以用于检测血清中的抗体，检测抗体的试剂盒中包含特异性抗原。现在有检测心丝虫、猫白血病病毒、猫免疫缺陷病毒、犬细小病毒和黄体酮的试剂盒。

操作步骤：

准备好包被了被检抗原的特异性抗体的 96 孔板（第一抗体）；

将动物血清样品（可能含有被检抗原）加入孔内；

如果存在被检抗原，它就会和孔内的抗体结合；

将酶标记的第二抗体加到孔内；

如果存在抗原，第二抗体就会和抗原结合，而抗原本身已经和孔内的第一抗体结合了；

冲洗孔，以洗去未结合的抗原；

加入可以和第二抗体上的酶发生反应的显色剂，从而引起颜色变化。

如果出现颜色变化，就表示样品中存在抗原。如果不存在抗原，由于第二抗体在冲洗步骤已被全部洗去，因此不会与显色剂发生反应，也就不会出现颜色变化。

（2）竞争酶联免疫吸附试验。

运用竞争酶联免疫吸附试验检测病犬猫抗原时，要使用酶标抗原和单克隆抗体。如果样品中存在被检抗原，该抗原就会和酶标抗原竞争包被在检测杯上的抗体，显色剂和酶发生反应就会产生颜色。病犬猫抗原浓度不同，产生的颜色深浅也不一样。

操作步骤：

检测孔预先包被单克隆抗体；

把病犬猫血清样品（可能含有被检抗原）加入检测孔内；

然后把酶标抗原也加入相同的孔内；

两种抗原竞争结合孔上的抗体，浓度较高的抗原将结合更多的抗体；

孵育后，冲洗掉多余的酶标记抗原；

加入显色剂，显色剂与酶标抗原上的酶发生反应。

如果样品中含有的被检抗原较少，与检测孔内抗体结合的主要是酶标抗原，那么最终的颜色较深；如果样品含有较高水平的被检抗原，与检测孔内抗体结合的主要是被检抗原，那么最终的颜色较浅。

3. 自身免疫性疾病的诊断

一些免疫反应会对宿主产生副作用。免疫反应失控或发生超敏反应均可引起组织损伤。超敏反应性疾病分为 4 种类型。Ⅰ型超敏反应是一种速发型超敏反应，当肥大细胞释放化学介质的时候会发生Ⅰ型超敏反应。当发生过敏反应（异位性）和过敏性休克的时候，过敏原进入循环的几秒钟之内就会发生严重的反应，这就是Ⅰ型超敏反应性疾病。自身免疫性溶血性贫血是Ⅱ型超敏反应，这是一种由宿主破坏自身红细胞（RBC）引起的疾病。这类抗体介导的疾病是抗体直接攻击动物自身的细胞引起的。当抗原抗体形成复合物沉积在不同的血管里，就会发生免疫复合物型疾病或Ⅲ型超敏反应。抗原抗体复合物沉积在肾脏上引起的肾小球肾炎是Ⅲ型超敏反应的一个例子。Ⅳ型超敏反应是 T 细胞介导的疾病，是 T 淋巴细胞攻击组织中的自身抗原引起的。接触性超敏反应常引起迟发的组织损伤，如犬接触了食盘和颈圈的塑料，或者人接触了有毒的常春藤，这些物质中的化学元素和皮肤蛋白发生反应，免疫系统把这种化学元素-蛋白质复合物识别为异物，引起皮炎。

（1）新生犬黄疸症。

本病是因母犬和父犬的血型不同，胎犬具有某一特定血型的显性抗原，通过妊娠和分娩而侵入母体，刺激母体产生免疫抗体，当仔犬出生后，通过吸吮初乳获得移行抗体，使红细胞发生破坏而产生的黄疸症，临床上表现为贫血、黄疸或急性死亡，属于同种免疫性溶血性疾病。

症状:新生仔犬出生后完全正常,吸吮初乳后开始发病。病情与吸吮初乳量有关。初乳中的抗体效价越高,吸吮的初乳量越多,则发病越重。因而,出生时越大、活力越强的仔犬越容易发病死亡。超急性重度患犬,未出现本病的特征症状,就可在短时间内衰竭死亡。此时,多见血色素血症和血色素尿症。通常患犬精神沉郁,吸吮力减弱,出生后 2 日,口腔和眼结膜出现明显的贫血症状。黄疸症状从第 3 日开始加重。尿液肉眼观察呈红色,潜血反应阳性。出生 3 日后的尿胆红素为阳性。

诊断:新生仔犬吸吮初乳后精神沉郁、衰竭死亡或明显衰弱的应怀疑本病。此外,下述检查为阳性结果即可确诊。

收集尿液或立即取死亡仔犬的膀胱尿液,尿色和潜血试验阳性。

用加 EDTA 的毛细采血管采血、离心,血细胞比容值明显减少,血浆红染或黄染的溶血性贫血为阳性。

取新生仔犬血液 2 滴,加入 2 ml 生理盐水,轻轻混合,立即变成红色透明液体,表明红细胞抵抗降低。血液涂片,吉姆萨染色,可见多量中央浓染的小型环状红细胞。

血清免疫学检查,患犬红细胞直接抗人球蛋白试验阳性,仔犬血清和父犬血细胞有溶血反应和间接抗人球蛋白试验阳性。

(2)血小板减少症。

本病以血小板减少、皮肤和黏膜的淤血点和淤血斑及鼻出血为特征。骨髓疾病免疫介导的破坏作用、消耗性凝血病会造成血小板生成减少,也可能因某些病毒感染或使用某种致弱的活病毒疫苗而引起血小板减小症。此外,雌激素疗法是引起本病的一种潜在因素。患病动物在皮肤或黏膜上突然出现淤血斑和淤血点,伴有鼻出血、大便呈深褐色及血尿,严重病犬猫黏膜苍白。

采血定量测定血小板数,通过出血时间或血块凝集试验测定血小板数量,即可以确诊。皮质类固醇治疗有效,但疗程过后会复发。为了避免复发,应每日或隔日给予维持量。对使用类固醇药物没有作用的病例,改用长春新碱、环磷酰胺等抗肿瘤药物,有利于刺激血小板生成和促进血小板附着。输血补充血液时,要输新鲜的全血或富含血小板的柠檬酸盐抗凝血浆。

(3)特发性皮炎。

本病是一种发生于多种动物的瘙痒性、慢性皮肤病,约 10% 的犬易患本病,其中大麦町犬的发病率较高。病犬具有产生大量反应素抗体(IgE)的遗传倾向。吸入性过敏原如花粉、霉菌、皮屑会引发本病。对于猫而言,食物性过敏原是皮肤损害更常见的原因。病初出现剧烈瘙痒,多为全身性的,患犬常舔嚼趾部和腋下,尤其是无毛部位和汗液过多部位更为明显;继而出现红斑、水肿、丘疹、渗出、结痂以及皮脂溢等。皮肤损害可因舔嚼、抓搔和继发细菌感染而加重。猫的特发性皮肤损害表现为粟疹或局部性反应。

采用皮肤皮内试验鉴定诱发过敏原,但猫用皮肤试验检测诱发过敏原的可靠性不如犬。将诱发过敏原注射到皮肤上,出现水泡和潮红反应是过敏状态的局部表现。

(4)食物性变态反应。

本病以犬猫皮肤瘙痒及胃肠炎为特征。临床常见犬猫的皮肤病是由食物过敏引起的,如猫的粟粒状皮炎、嗜曙红性斑、无痛性溃疡的病因中,食物过敏反应约占 10%;在犬的不明原因的过敏性皮肤病中,62% 的病例是由食物过敏反应造成的。患病犬猫表现剧烈而持久的皮肤瘙痒。猫的过敏性胃炎表现为进食后 1～2 小时发生呕吐,呕吐物呈胆汁色,粪便被覆新鲜血液及带血点。猫的皮肤损伤主要发生在头部和颈部,出现红斑、脱毛、粟粒状皮炎、耳炎和耳郭皮炎、表皮脱落和嗜曙红斑,少数病灶发生在背部、股部、趾(指)四肢、会阴等处。犬的过敏性肠炎表现为小肠的轻微炎症,间歇性排出稀软、恶臭并附有黏液和血液的粪便,有时伴发呕吐、黏液样便的胃肠炎综合征。犬的皮肤病变表现为脱毛、苔藓化、色素沉着过多等亚临床症状。

如果严格控制食物及用皮质类固醇药物无明显效果,而又无体外寄生虫感染等临床体征,可以诊断为食物性变态反应。

(5)寻常性天疱疮。

寻常性天疱疮是由免疫机制异常引起的典型的自身免疫性皮肤病,病变多发于皮肤和黏膜交界处。本病常见于中年犬,发病率无性别和品种差异。寻常性天疱疮是最早发现、最严重的一种天疱疮。本病的自身抗体形成机制尚不明确。一般认为病毒附着、化学药物或酶的作用,使自身组织的抗原性发生改变;侵入的微生物与某些组织有共同抗原,可起交叉免疫反应;免疫活性细胞的突变和免疫稳定功能失调等,都可产生自身抗体而发生免疫性疾病。

寻常性天疱疮多呈急性经过,初期病犬表现为溃疡性口炎、齿龈炎及舌炎。随之,黏膜和皮肤交界处,如口唇、眼睑、肛门、外阴、包皮、鼻孔及指趾内侧很快出现水疱。水疱破裂形成溃疡、继发感染时,出现严重的皮肤炎症变化,患部瘙痒、疼痛,有时发热,精神沉郁。皮肤出现尼科尔斯基氏征,即用指头摩擦外观正常的皮肤表面,表皮易于剥离的现象。本病的病变发生在表皮的棘层,由表皮细胞间的黏合质和部分表皮细胞壁作为抗原而产生自身抗体,使表皮的细胞间质溶解,细胞间结合疏松而产生缝隙,但表皮的基底细胞不发生病变。

荧光法:测定血清中存在自身抗体。其方法是以正常的皮肤组织做抗原,加被检血清孵育,再用荧光素标记的抗犬免疫球蛋白抗体孵育,在荧光显微镜下检查。

直接荧光法:病变部的表皮组织中有免疫球蛋白沉积,以病变部组织作为抗原,用荧光素标记的抗犬免疫球蛋白抗体孵育,在荧光显微镜下检查。

组织活检:病变部基底层上部的棘细胞溶解,形成缝隙。

(6)落叶状天疱疮。

本病与寻常性天疱疮相同,属于自身免疫性皮肤病。1977 年,Halliwell 首次报道犬发生此病。落叶状天疱疮与寻常性天疱疮的主要不同点是症状轻,黏膜与皮肤交界处病变少。本病除犬外,猫也发生。犬的发病率无品种、年龄及性别的差异。

该病表现为皮肤与黏膜处突然形成水疱,短时间内破溃形成痂皮,以后呈慢性经过。病变多发生于面部,尤其是鼻、眼周围及耳部;病变范围扩大时,见于指(趾)周围,腹股沟部,甚至波及全身。病变呈水疱性、溃疡性、脓疱性变化。患部脱毛、发红、渗出,形成大范围痂皮。本病无全身症状,也很少有细菌感染,但表现出不同程度的瘙痒。活检可见脓疱形成于表皮的角质下层或颗粒层,棘细胞层发生融合角化。嗜酸性细胞浸润,通常炎性反应较弱。

(7)类天疱疮。

类天疱疮是自身免疫性疾病,发病率较高,常见于长毛牧羊犬及相关的品种犬,是由皮肤的基底膜发生免疫球蛋白沉着(自身抗原)而引起的皮肤的病理变化。

类天疱疮临床上分为急性型和慢性型两种。急性型:患犬精神沉郁,不食,发热;皮肤黏膜交界处、口腔黏膜、头部及耳郭突然出现不易破溃的水疱,此型与寻常性天疱疮的临床表现不同。慢性型:患犬下腹部和腹股沟部出现短时间的灶性水疱并形成溃疡,若病灶局部无刺激,则病灶不会扩散。慢性型的转归良好。

本病根据临床病理变化,结合临床症状可以做出诊断。在水疱、溃疡及病灶周围取活检材料进行组织学检查,特征性变化是表皮与真皮明显分离,且形成水疱;尚可见融合的有棘细胞以及水疱内含有血清和少量白细胞;真皮处有轻度非特异性反应,荧光抗体直接法证明,表皮和真皮交界处有线状或球状免疫球蛋白和补体附着。

(8)自身免疫性溶血性贫血。

本病是某种原因产生的红细胞自身抗体加速红细胞的破坏而引起的溶血性贫血,多发于2~8岁的雌犬。自身抗体的产生机制尚不清楚。有人认为是抗原性物质变化及产生抗体的组织功能紊乱所致。自身免疫性溶血性贫血可继发于各种疾病(如白血病、全身性红斑狼疮、甲状腺疾病、巴贝斯虫病等),药物(如非那西丁、青霉素、杀虫剂、磺胺类药物、胰岛素等)的应用,某些细菌、病毒以及寄生虫及其代谢产物形成的抗体。

该病表现为突然贫血,可视黏膜苍白,2~3日后逐渐出现黄疸。患犬精神沉郁,不愿活动,心悸和呼吸加速。约半数患犬发病初期体温升高,由于致敏的红细胞在脾脏内淤滞和崩解加快造成脾肿大,出现溶血、血色素血症和血色素尿症。皮肤主要变化是四肢出现浅表性皮炎,尾和耳的尖端部坏死。有寒冷症状的患犬病情较重,红细胞减少,出现中央浓染的小型球形红细胞,HT值减少到5%~20%;红细胞抵抗明显降低,在5 mL生理盐水中滴入数滴血液,很快出现溶血。约75%的患犬血小板减少至10万/以下;中性粒细胞增加,核左移,数日后出现明显的幼稚红细胞再生现象;血清胆红素增高,间接胆红素Coombs试验阳性。

(9)全身性红斑狼疮。

本病是一种由对自身组织不能识别而引起全身性非化脓性慢性炎症的自身免疫性疾病,主要侵害关节、皮肤、造血系统、肾脏、肌肉、胸膜和心肌等,多见于雌犬,一般预后不良。病因尚未明确,一般认为与遗传因素、病毒感染、长期服用某些药物有关,也可能与阳光和紫外线照射等有关,这是外界致病因子作用于有遗传免疫缺陷的机体,使免疫功能失调,产生大量自身抗体所致。

患犬出现多器官组织损伤的各种变化,通常有对抗生素无反应的持续发热、倦怠、嗜睡、食欲不振、体重减轻。多数患犬发生多发性关节炎,尤其是跗关节和腕关节,出现红、肿、热、痛,站立困难,咀嚼肌和四肢肌肉萎缩。半数患犬出现出血性素质和巨脾。少数患犬出现皮肤病变和肾、心、肺及中枢神经系统的功能障碍。根据皮肤和多器官损害所引起的体征,血液中检出红斑狼疮细胞(可在多关节点的关节液检出)抗细胞抗体,则可以确诊。

(10)免疫介导性脑膜炎。

本病也称结节性动脉外膜炎,常发生于成年小猎兔犬、拳狮犬、德国短毛向导猎犬及秋田犬。发病原因尚不清楚。主要表现为周期性发热,严重患犬的颈部疼痛和强直。病犬不愿走动,持续5~10日,完全或部分正常的间歇期持续数周。此病发病时长达数月以上。秋田犬的脑膜炎综合征常继发于多发性关节炎,病犬表现严重的热发导致全身性强直。发病犬生长缓慢。

本病诊断依靠实验室检查。脑脊髓液中的蛋白质和中性粒细胞升高、脑血管受损及脑动脉炎,可提示本病。

(11)免疫缺陷病。

本病包括吞噬作用缺陷、免疫球蛋白缺陷、选择性免疫缺陷、病毒诱导免疫缺陷等。

吞噬作用缺陷可见外周血液中所有细胞成分(主要是中性粒细胞)发生周期性降低。表现为皮肤、呼吸系统和胃肠道对细菌感染的易感性增高,对抗生素治疗效果不明显。

免疫球蛋白缺陷(获得性的)发生于不能吸收充足母源抗体的新生犬、猫,或患主动免疫球蛋白合成降低疾病的老龄犬、猫。某些病毒感染如犬瘟热、犬细小病毒可严重地损害淋巴网状内皮系统,使正常抗体的产生受到阻断。

判断选择性免疫缺陷的依据尚不清楚,波斯猫特别容易发生严重的、有时是顽固性的皮肤霉菌感染,某些品种犬如德国牧羊犬会感染局部和全身性曲霉病。

病毒诱导免疫缺陷,如犬瘟热病毒引起的幼犬联合免疫缺陷,使抗体球蛋白水平逐渐降低。犬和猫的细小病毒感染引起中性粒细胞数量和淋巴细胞反应严重及短暂低下。

四、分子生物学检测技术

分子生物学诊断的基础是对 DNA 或 RNA 进行分析。虽然在动物诊所进行该项检测非常复杂,但是临床兽医可以将样品送到专业机构检测,在很短时间内就可以得到结果。现在,很多政府兽医诊断实验室提供分子生物学检测服务。对兽医来说,分子生物学诊断最明显的用途是鉴别病毒、真菌或细菌的存在。

应用分子生物学检测技术的医学和科学分支包括微生物学、基因学、免疫学、药学、法医学、生物学、食品科学、农业、考古学和生态学。分子生物学检测可以用于对癌症分类,检测遗传缺陷,进行动物良种鉴定,在食品科学领域检测细菌污染等。这类测试的优点是提高了敏感性(敏感到可以检测并稳定测定少量的样品)和特异性(能够只检测和测定指定的样品,不会和其他物质发生交叉反应)。试验需要的样品量非常少,且具有安全性。

影响其他试验方法的很多因素,如样品的保存时间和条件、苛刻的生长要求以及微生物的生存能力,对分子生物学诊断试验来说都不重要。试验技术越新,所需时间也越短。传统的细菌鉴定可能需要 2～3 d 或更长时间,而分子生物学诊断试验可以在几个小时内就完成。分子生物学诊断试验的缺点是污染会导致假阳性结果,需要有较高技术水平的专家来操作试验,且需要一间以上的房间来做试验,成本较高。这些问题正在解决中,同时,商品化试剂盒和自动化设备使临床诊断实验室也可以进行这些试验了。

目前有多种分子生物学诊断试验方法,其中聚合酶链式反应(PCR)应用广泛,是人们最熟悉的一种方法。

聚合酶链式反应被称为扩增试验,因为试验只需要对样品中的少量 DNA 片段进行扩增并判定结果。也就是说,PCR 试验就是把选择好的 DNA 分子上的一个小片段大量扩增。进行试验以前,必须知道这个 DNA 片段的核苷酸序列以使用合适的试剂。用于识别病毒或细菌的 DNA 片段是预先确定的。

扩增的过程包括三个基本步骤:变性、退火和延伸。

变性:加热样品,使双链 DNA 分子分解为两个单链。每一个单链都作为模板,上面将生成新的核苷酸。

退火:降低温度,使引物结合到分离的单链上。引物标记了要复制的 DNA 片段的起止点。这只有在样品中存在与引物互补的 DNA 的时候才会发生。

延伸：一旦温度升高，Taq DNA 聚合酶使新的互补 DNA 片段生成（延伸），得到 2 个双链的 DNA 分子的一部分。它们和合成前的 DNA 分子不完全一样，但确实包含设计的片段。这一过程在自动恒温循环装置上要重复 25～30 次。时间、温度和循环的次数是由仪器自动调节的。合成的 DNA 片段的数量远远超过样品中 DNA 的量。所以 PCR 可以用来检测混合样品中的微量成分。扩增后，DNA 片段在凝胶电泳中被分离，用于鉴定。样品混合物包括怀疑带有原始 DNA（如果有的话）的样品、引物、核苷酸和 Taq DNA 聚合酶（这种酶可以解读 DNA 编码并聚集扩增的核苷酸碱基）。

最后，要知道样品中是否存在要检测的 DNA 片段，还需使用琼脂糖凝胶电泳。DNA 片段是带负电荷的粒子，通电后，会沿着凝胶向正电极移动。DNA 片段会根据分子大小分开，在凝胶上呈现不同的带。作为对照的样品也同时进行电泳。知道了对照的带，就可以把受检样品的带进行比较和鉴别。对 PCR 试验的判读必须非常仔细，因为样品中可能存在不致病的微生物。和任何实验室检测一样，PCR 试验必须结合临床病例的所有信息来评估检测结果。

实训八 一般护理和疾病护理技术

一、常规护理

(一)接种疫苗

危害犬的疫病主要有犬瘟热、犬细小病毒、犬传染性肝炎、犬副流感、犬钩端螺旋体等,应重点做好预防接种工作。幼犬在 45～60 日龄时首次注射犬五联疫苗,15 天后进行第 2 次注射,再过 15 天后进行第 3 次注射,之后其体内抗体含量达到最高峰,免疫期可达 6 个月以上。成年犬每年接种 1 次即可。接种的前提是犬必须健康,且在接种期内尽量减少应激和不必要的用药,否则,会影响抗体的产生。

(二)驱虫

寄生虫对犬的生长发育有很大的影响,轻则腹泻、便血,重则贫血甚至死亡。因此,必须定期进行粪便检验,发现寄生虫时及时驱虫,保证犬只健康。一般仔犬在 20 天时第 1 次驱虫,幼犬 50 天时第 2 次驱虫,90 天时第 3 次驱虫,以后每 2 个月驱虫 1 次,驱虫后排出的粪便和虫体应集中堆积发酵或焚烧,杀死寄生虫虫卵。

(三)精配日粮

多数宠物犬体形小,采食量少,需要营养价值高且均衡的日粮。通常粮食类占 55%,蔬菜类占 20%、鱼肉类占 25%,适当添加多维元素、微量元素、钙片、酵母片等。在保证营养成分的情况下,应经常改变饲料配方,防止长时间饲喂同一配方的日粮,使犬产生厌食现象。

(四)进食习惯培养

根据犬的习性,做到"六定"原则,即定时、定量、定温、定质、定食具、定场所,养成犬的稳定生活习惯。每天饲喂的时间要固定,以便于犬形成进食的条件反射;每天饲喂的饲料量要相对稳定,防止犬暴饮暴食;根据不同季节气温的变化,调节饲料及饮水的温度,做到"冬暖、夏凉、春秋温";改变日粮配方时应实施饲料过渡,以防突然改变饲料而引起犬的胃肠功能紊乱;犬的食具要专用,不得串换食具;犬的休息、进食场所要相对固定。

(五)保持犬体卫生

保持犬体卫生的措施主要包括犬只洗澡、犬舍清理及消毒。选择合适的遛犬环境有利于保持犬体卫生。

二、一般病症护理

(一)呕吐

呕吐严重则必须禁食,如果并不严重,可试探性地饲喂一些保护胃肠黏膜的流食,可以饮用白开水或口服补液盐。一般在犬开始呕吐的 12 h 之内不要强饲食物;病情有好转后,再试探性地慢慢进行饲喂,一般饲喂易消化的流质食物。如果再次呕吐,则还需适度禁食禁饮。

(二)腹泻

当犬出现轻微腹泻时应禁食 12～24 h,以减少肠道刺激,让肠道得到休息。随后投以温和易消化、刺激性小的半流质食物(如稀饭加葡萄糖),做到少吃多餐,待腹泻停止后再逐步恢复原日粮。应注意调理犬肠道菌群,使其恢复消化吸收功能,辅助口服乳酸菌素片、多酶片、丽珠肠乐等,同时补充维生素和矿物质。

(三)发烧

当犬只发烧时,在低温季节,犬会感到寒冷而发抖,犬舍要加厚垫料并注意保温,犬舍要密闭,防止寒风吹入。高温季节要降低室温,同时要采取多种全身冷却的降温措施,如用酒精擦皮肤和进行冷水浴,以降低犬的体温。在犬的体温降到 39.4 ℃时,要停止这种降温措施。

(四)低体温

当病犬机体脱水严重或在重危疾病的中后期时,一般都有体温降低的症状,有的体温在35～37 ℃,出现这种情况一般表示预后不良。此时可以适当给犬注射一些促进血液循环的药物,同时使用衣物将犬包裹好,有条件的可以使用取暖器、热水袋进行保温工作。低体温状态直接给犬输液是比较危险的,可以在犬的体温升高 0.8～1 ℃后再进行输液。气温低时,在给犬进行输液治疗的时候也要注意保温工作。

(五)鼻分泌物和鼻镜干燥

鼻分泌物不多时,可用脱脂棉或纱布拭净;分泌物多且充满鼻孔时,要及时用棉签拭净鼻孔内的分泌物,保持鼻孔呼吸通畅。鼻镜长时间干燥时,用甘油涂拭鼻镜,防止干裂。

(六)食欲不振

在犬没有呕吐的状态下,准备一些比较适口又营养丰富的流质食物,然后用汤勺、吸管或注射器等辅助工具强行从犬口角处灌进去,也可以把瘦肉做成丸状,强行让犬咽下,促进食欲。强行给犬灌入食物时一定要注意人、犬的安全,避免犬咬人或造成犬呼吸困难。

(七)皮肤病及外伤

为防止犬舔患部涂的外用药或啃咬包扎的伤口,要用防舔项圈(伊丽莎白项圈),可以在厚纸壳中间挖一个洞或切去塑料桶的桶底,从头上罩入,可以有效地防止犬回头舔舐患部。

(八)眼分泌物

用 2%硼酸水浸湿脱脂棉拭净眼分泌物后,再使用眼药。

(九)术后护理

犬在麻醉和手术后苏醒时,大脑意识尚未完全恢复,此时仍需让病犬躺卧,并设专人护理,防止病犬因挣扎而发生意外事故。术后应注意对病犬进行保温,预防感冒。病犬苏醒后 4～8 h,其吞咽机能尚未完全恢复,应禁止喂食,以免因误咽而发生异物性肺炎。

（十）心理护理

犬智商高,具有与人进行情感交流的能力。犬有许多类似人的心理活动,如依恋、好奇、嫉妒、复仇、占有、恐惧、孤独心理等。因此,犬具有复杂的感情与心理活动,特别是宠物犬。对病犬的护理要注意面部表情、目光、语言和爱抚动作的运用。面部表情要表现肯定、接纳、积极、爱恋的情感;目光接触也是重要的沟通方式,亲切、期盼的目光能表达主人对病犬的安慰和鼓励;亲切、友好的话语,可帮助病犬缓解紧张情绪;而爱抚动作对病犬而言,其意义比语言更重要。总之,正确和及时的心理护理可对病犬的心理产生积极的影响。

三、传染病的护理

（一）一般护理

(1)加强观察,早期发现病犬,及时确诊。

(2)确定为传染病后,应迅速采取紧急措施,将病犬隔离,严格禁止病犬与健犬接触,以免扩大传染。

(3)病犬或可疑病犬用过的垫草,粪便污染过的用具、犬舍等要进行严格消毒。

（二）注意事项

(1)通常消毒药物的浓度与消毒效果是成正比的,但浓度不是越高越好,必须按规定的浓度使用。

(2)药物温度增高,可加强消毒效果。

(3)消毒药物与病原体接触时间长或直接接触,可提高消毒效果。

(4)消毒时,消毒药液的用量必须充足,通常对每平方米墙壁、地面等平均使用消毒液 50～100 mL 为宜。

(5)犬场大门口消毒槽内的消毒液要经常更换。

四、患寄生虫病犬的护理

(1)夏季给犬使用含驱虫成分的沐浴露。不要给犬使用人用的浴液和洗发水,否则会带走犬体表的油脂,破坏酸碱平衡,导致免疫力降低。

(2)保持环境(栏舍、运动场等)清洁卫生,定期用氨水等消毒,粪便必须经发酵处理后使用。不要让病犬睡犬窝,让其睡地板是最好的,容易保持皮肤的卫生和健康;不让犬走进铺设地毯的房间,尽量避免与患皮肤病的犬接触;不让犬去草地。

(3)犬有瘙痒感时,可使用氯苯那敏、阿司咪唑、地塞米松类药物,也可以使用软膏制剂涂擦在患部,以防感染,促进皮肤愈合。

(4)定期进行检查,凡查出隐性感染的犬,应进行隔离观察或治疗,并有计划地淘汰,以消灭传染源。

(5)猫患弓形虫病后,会从粪便中排出卵囊,从而污染环境,故犬场应禁止养猫或防止猫、犬接触,妥善处理猫粪,疑似污染的环境用氨水等消毒。

(6)禁止给犬喂食生肉、生乳、生蛋或可能含有弓形虫包囊的动物脏器、组织。患弓形虫病的动物或可疑动物尸体,必须销毁或无害化处理。

（7）定期用驱虫药物驱虫。

五、犬耳的护理

犬的耳道根容易积聚油脂、灰尘和水分,尤其是大耳犬,下垂的耳壳常把耳道盖住,或耳道附近的长毛(如贵妇犬、北京犬等)将耳道遮盖,这样耳道由于空气流通不畅,易潮湿、积垢而感染发炎。因此,要经常检查犬的耳道,如果发现犬经常搔抓耳朵,或不断用力摇头摆耳,就说明犬的耳道有问题,应及时、仔细地进行检查。

清除耳垢的方法:先用酒精棉球消毒外耳道,再用3％碳酸氢钠滴耳液或2％硼酸水滴于耳垢处,待干涸的耳垢软化后,用小镊子轻轻取出,镊子不能插得太深,精力要高度集中,如果犬摇动头部,要迅速取出镊子,以免刺伤鼓膜或刺破耳道黏膜。对于有炎症的耳道,可用4％硼酸甘油滴耳液、2.5％氯霉素甘油滴耳液、可的松新霉素滴耳液等滴耳,每天3次。此外,应定期修剪耳道附近的长毛,洗澡时防止洗发剂和水溅入耳道。

六、犬眼病的护理

一些小型犬的面部有较多的皱皮,使其睫毛倒长,倒长的睫毛很容易刺激角膜和结膜,致使犬的视觉模糊、角膜泽浊、结膜充血潮红。对于此类病犬,应该对其施行面褶切除术,割去部分眼皮。脱落的睫毛、沙尘等异物落入鼻泪管中会导致溢泪和内眼眦有脓性分泌物,淡色被毛犬的眼角下方的被毛出现红染。一旦犬出现这种症状,可以采用鼻泪管冲洗和插管法。将冲洗针头插入犬的泪点及泪小管,连接装有普鲁卡因青霉素溶液的注射器,反复冲洗至鼻泪管通畅。

 思考题

1.简述犬、猫的常规护理要点。

2.简述呕吐犬的护理要点。

3.简述腹泻犬的护理要点。

实训九 犬猫临床治疗技术

一、给药技术

(一)口服给药

对于片剂、丸剂或舔剂,常用直接经口投服的给药方法,必要时可采用投药枪,舔剂可用光滑的木板送服。由于犬猫个体较小,口张不大,因此可将药物做成指头大小的团块,用食指及拇指或镊子夹住送至舌根,也可将犬猫头抬高并打开口腔,对准舌根部投入,使其咽下。

(二)注射技术

临床上最常用的注射方法是皮下注射、肌内注射及静脉注射,特殊情况下还可以采用皮内注射、胸腔注射、腹腔注射、气管注射、瓣胃注射、乳房注射、眼球结膜注射等。选择用什么方法进行注射,主要根据药物的性质、数量以及病犬猫的具体情况而定。注射部位应先进行消毒(通常使用5%碘酊或75%酒精),注射后也要对局部进行同样的消毒处理,并严格执行无菌操作技术。

1. 皮内注射法

皮内注射法是将药液注射于表皮与真皮之间。与其他注射方法相比,其注入药量少,一般仅在皮内注射药液或菌(疫)苗 0.1~0.5 mL,因此一般不用作治疗,主要适用于预防接种、药物过敏试验及某些变态反应的诊断等。

一般选择犬猫颈部和背部皮肤进行皮内注射。局部剪毛、消毒,排尽注射器内的空气,以左手拇指、食指将皮肤捏成皱褶,右手持注射器,针头斜面向上,针头与皮肤呈5°左右刺入皮内,缓缓地注入药液。药液注入皮内的标志是在推进药液时感觉到阻力很大,且注入药液后局部呈现一个丘疹状隆起,如误入皮下则无此现象。注射完毕,迅速拔出针头,术部轻轻消毒,但应避免挤压局部。

2. 皮下注射法

皮下注射法是将药物注射于皮下结缔组织内,经毛细血管、淋巴管的吸收而进入血液循环的一种注射方法。皮下注射法适合于各种刺激性较小的药液及菌(疫)苗、血清等的注射。

注射部位选择皮肤较薄而皮下疏松的部位,犬、猫一般选在颈侧、背侧或股内侧。动物保定好,局部剪毛、消毒后,术者用左手的拇指与中指捏起皮肤并形成皱褶,食指压皱褶的顶点,使其呈陷窝。右手持连接针头的注射器,迅速刺入陷窝处皮下约 2 cm。此时,感觉针头无抵抗,可自由摆动。左手按住针头结合部,右手抽动注射器活塞未见回血时,可推动活塞注入药液。当需要注入的药量较多时,要分点注射,不能在一个注射点注入过多的药液。注射完毕,以酒精棉压迫针孔,拔出注射针头,最后用5%的碘酊消毒。

3. 肌内注射法

凡肌肉丰满的部位,均可进行肌内注射。由于肌肉内血管丰富,注入的药液吸收较快,因此大多数注射用针剂,一些刺激性较强、较难吸收的药剂(如乳剂、油剂等)和许多疫苗,均可采用肌内注射。

犬的肌内注射部位一般选在臀部、背部肌肉,猫常在腰肌、股四头肌以及臀部肌群注射,其中以股四头肌最常用。注射部位剪毛、消毒后,直接手持连接有针头的注射器进行注射。注射完毕,迅速拔出针头,用5%碘酊消毒。

4. 静脉注射法

静脉注射法将药液直接注入静脉内,药液随着血液循环很快分布到全身,不会受消化道及其他脏器的影响而发生变化或失去作用,药效迅速,作用强,注射部位疼痛反应较轻,但其代谢也快。该法适用于大量的补液、输血和对局部刺激性大的药液(如水合氯醛、氯化钙)以及急需奏效的药物(如急救强心药等)的注射。

犬多在后肢外侧面小隐静脉或前臂皮下静脉(又称桡静脉)进行注射,特殊情况下(犬出现血液循环障碍,较小的静脉不易找到),也可在颈静脉注射。采用后肢外侧面小隐静脉注射时,助手将犬侧卧保定,固定好头部;在后肢胫部下1/3的外侧浅表的皮下找到该静脉,局部剪毛、消毒;用胶管结扎后肢股部或由助手用手紧握,此时静脉血回流受阻而使静脉管充盈、怒张,术者左手捏在要注射部位的上方,右手持5号半注射针头沿静脉走向刺入皮下及血管,若有回血,证明已刺入静脉,此时可将针头顺血管腔再刺入少许,解开结扎带或助手松开手,术者用左手固定针头,右手徐徐将药液注入。采用前臂皮下静脉注射时,对犬的保定及注射方法与后肢外侧面小隐静脉注射相同,而且位于前肢内侧面皮下的静脉比后肢外侧面小隐静脉更粗、更易固定,因此在犬的一般注射或取血时,更常采用该静脉。

猫的静脉注射部位常选择前肢内侧的头静脉或后肢股内侧皮下的隐静脉。采用前肢内侧头静脉注射时,将猫侧卧或伏卧保定,固定好头部,局部剪毛、消毒;助手用橡胶带扎紧或用手握紧前肢上部,使静脉充盈、怒张;术者用右手持注射器针头顺静脉刺入皮下,再与血管平行刺入静脉,此时针头若有回血,则助手松开手或解开橡胶带;术者将针头沿血管腔稍微前送,固定好针头,进行注射。猫的后肢股内侧皮下隐静脉注射方法与犬相同。

5. 胸腔注射法

注入胸腔的药液吸收较快,在犬猫发生胸膜炎症时,可将某些药物直接注射到其胸腔内进行局部治疗,或者在进行家犬猫胸腔积液的检查时,对胸腔进行穿刺,也可进行疫苗接种。犬的胸腔注射部位在左侧第七肋间,右侧第六肋间。动物站立保定,术部剪毛、消毒。术者左手将术部皮肤稍向前方拉动1～2 cm,以便使刺入胸膜腔的针孔与皮肤上的针孔错开,右手持连接针头的注射器,在靠近肋骨前缘处垂直皮肤刺入(深度3～5 cm)。针头通过肋间肌时有一定阻力,进入胸膜腔时阻力消失,有空虚感。注入药液(或吸取胸腔积液)后,拔出针头,使局部皮肤复位,术部消毒。

6. 腹腔注射法

腹腔注射法是将药液注入腹腔内。由于腹膜具有强大的吸收功能,药物吸收快,注射方便,因此腹腔注射法适用于腹腔内疾病的治疗和通过腹腔补液(尤其在动物出现脱水或血液循环障碍,采用静脉注射较困难时更为实用)。本法多用于中小动物,如犬、猫等。

犬的腹腔注射部位在脐和骨盆前缘连线的中间点,腹白线旁开一侧。注射前,先使犬前躯侧卧、后躯仰卧,将两前肢系在一起,两后肢分别向后外方转位,充分暴露注射部位。要保固好犬的头部,术部剪毛、消毒。注射时,右手持注射针头垂直刺入皮肤、腹肌及腹膜,当针头刺破腹膜进入腹腔时,立刻感觉阻力消失,有落空感。若针头内无气泡及血液流出,也无脏器内容物溢出,并且注入灭菌生理盐水无阻力,说明刺入正确,此时可连接注射器,进行注射。

猫的腹腔注射部位在耻骨前缘 2~4 cm 处的腹中线旁。将猫取前躯侧卧、后躯仰卧姿势保定,捆绑两前肢,固定好头部,术部剪毛、消毒,术者手持连接针头的注射器垂直刺向注射部位,进针深度约 2 cm,然后回抽针芯,若无血液或脏器内容物即可注射,注射完之后,术部消毒处理。

7. 气管注射法

气管注射法是将药液直接注射到气管内,用于治疗病犬猫气管与肺部疾病,以及驱虫的一种方法。

注射部位一般选在颈部上段腹侧面的正中,可明显触到气管,在两气管环之间进针。病犬采取仰卧保定,使其前躯稍高于后躯。术部剪毛、消毒。术者左手触摸气管并找准两气管环的间隙,右手持连有针头的注射器,垂直刺入气管内,而后缓慢注入药液。若操作中动物咳嗽,则要停止注射,直至其平静下来再继续注入。注射完拔出针头,术部消毒即可。

8. 乳房注入法

乳房注入法是将药液通过导乳管注入乳池内的一种注射方法,临床上应用较少。

一般动物站立保定,助手先挤干净乳房内乳汁,并用清水或浓度为 0.01% 的碘液清洗乳房外部,拭干后再用 70% 的酒精消毒乳头。术者蹲于动物腹侧,左手握紧乳头并轻轻下拉,右手持乳导管自乳头口徐徐导入,当乳导管导入一定长度时,术者的左手把握乳导管和乳头,右手持注射器,使之与乳导管连接,徐徐将药液注入。注射完毕后,将乳导管拔出,同时术者一只手捏紧乳头管口,以防止刚注入的药液流出,用另一只手对乳房轻柔地按摩,使药液较快地散开。

9. 心脏内注射

心脏内注射是将药液直接注射到心脏的注射方法。当病犬猫心脏功能急剧衰竭,静脉注射急救无效或心搏骤停时,可将强心剂如肾上腺素直接注入心脏内,恢复心功能,抢救病犬猫。

犬、猫注射部位在左侧胸廓下 1/3 处,第五至第六肋间;以左手稍移动注射部位的皮肤然后压住,右手持连接针头的注射器,垂直刺入心外膜,再进针 3~4 cm 可达心肌。当针头刺入心肌时有心搏动感,摆动注射器,继续刺针可达左心室内,此时感到阻力消失。拉引针筒活塞时有暗赤色血液回流,然后徐徐注入药液,药液很快进入冠状动脉,迅速作用于心肌,恢复心脏机能。注射完毕,拔出针头,涂碘酊,或用碘仿火棉胶封闭针孔。

10. 关节内注射

关节内注射是将药液直接注入关节腔的注射方法。主要用于关节腔炎症、关节腔积液等疾病的治疗。

一般临床治疗的关节主要有膝关节、跗关节、肩关节、枕寰关节和腰荐结合部等。虽然各关节形态不一,但各关节都具有基本的解剖结构,即关节面、关节软骨、关节囊;关节腔内有关节液,并附有血管、神经,大多数关节还附有韧带。局部常规消毒,将动物保定确实后,左手拇指与食指固定注射局部,右手持针头呈 $45°\sim90°$ 依次刺透皮肤和关节囊,到达关节腔后,轻轻抽动注射器内芯,若在关节腔内,即可见少量黏稠和有光滑感的液体,一般先抽部分关节液(视关节液多少而定),然后注射药液,注射完毕,快速拔出针头,术部消毒。

(三)穿刺技术

穿刺技术是兽医临床上较常用的一种诊疗技术,对辅助诊断或局部治疗具有重要意义,是临床兽医应该熟练掌握的一项基本技术。通过穿刺可以获取病犬猫体内特定的病理材料,以供实验室检查,为疾病的确诊提供有力证据;而且对于某些因急性肠、胃鼓气引发的危急病例,可以通过穿刺放气来迅速缓解症状,在治疗上具有重要的意义。但是,由于穿刺法技术性强,在应用范围上有严格的局限性,且具有损伤组织、可能引起局部感染等缺点,应避免滥用。要求在进行穿刺之前,应该对疾病进行仔细诊断,充分论证,只有适应证才可以采用。根据不同的穿刺目的,选用适宜的穿刺器具(如套管针),必要时可用注射针头代替。所有穿刺用具均应严密消毒、干燥备用。在操作中,务必严格遵守无菌操作规程和安全措施。

(四)灌肠技术

灌肠法即直肠用药,多用于病犬猫肠内补液、肠阻塞以及直肠炎的治疗,也用于动物采食及吞咽困难时进行人工营养,还可用于小动物的催吐。

浅部灌肠是将药液灌入直肠内,常在病犬猫有采食障碍或咽下困难、食欲废绝时,进行人工营养;患直肠或结肠炎症时,灌入消炎剂;病犬猫兴奋不安时,灌入镇静剂;排除直肠内积粪时也可采用。常用的灌肠药液包括 1% 温生理盐水、葡萄糖溶液、甘油、0.1% 高锰酸钾溶液、2% 硼酸溶液等。

操作前,应准备好所用的药物及器械,病犬猫保定好,尾巴向上或向侧方吊起。术者立于病犬猫正后方,手持灌肠器的一端胶管,缓慢送入病犬猫直肠内部,此时可通过抽压灌肠器活塞将药液灌入病犬猫直肠内,所灌注药液温度应接近病犬猫直肠温度,动作要缓慢,以免对肠壁造成大的刺激。如直肠内有宿粪,灌肠前应先把宿粪取出。药液注入后由于排液反射,很容易被排出,为防止药液流出,可拍打尾根部、捏住肛门,以促使肛门收缩,或塞入肛门塞。

二、输液疗法

(一)水和电解质平衡

水对机体细胞维持正常功能至关重要。水占健康动物体重的 $60\%\sim70\%$,主要通过以下3种方式获得:日粮、饮水或某些营养物质代谢生成的水。

机体主要通过3个途径丢失水分:尿液丢失、粪便丢失及无形丢失。无形丢失是动物无法控制的失水,包括呼吸失水及皮肤失水。动物正常呼吸时水分可通过呼吸道丢失,在整个吸气和呼气过程中,呼吸道内壁以及口腔均会出现水分蒸发。皮肤失水即通过汗腺蒸发水分,可起到降温的作用。

(二)体液平衡的评估

当机体丢失过多的体液时,动物会发生脱水。体液丢失或缺乏有3种类型:单纯性失水、电解质和水同时丢失以及失血。需根据动物体液丢失的类型来选择合适的补充液体。

单纯性失水常由水的摄入量减少引起。其原因可能是动物无法饮水,如面部创伤、饮用水缺乏、动物虚弱或嗜睡。水丢失的常见原因是排出增加,这在尿崩症、肾脏疾病等情况下会出现。此时,动物只丢失(或不能摄入)水,并不会出现电解质紊乱。

电解质是机体内的化学物质,如钠、钾、镁等,它们对维持组织和器官的正常功能有重要作用。水和电解质均从动物体内丢失,这种类型的体液丢失是动物最常发生的。在许多疾病情况下,动物既丢失水,又丢失电解质,如呕吐、腹泻、创伤、烧伤、子宫积脓和腹水。动物将胃内容物或胆汁呕吐出来时,体液(水)会随之丢失。胃内容物和胆汁中还含有电解质,故电解质和水会同时丢失。动物腹泻时,多数体液会从水样粪便中丢失,与其他排泄物一样,它也含有电解质。同样的,水和电解质会同时丢失。出血会引发失血。外出血通常很明显,但同时须考虑内出血的情况,此时可能会有大量血液流入体腔,如腹腔或胸腔。

评估动物脱水状况的所有方法都属于粗略评估,没有任何一种方法是完全准确的。临床诊疗中,有 4 种方法可用于判断脱水的程度。

1. 病史

通过观察动物的体液丢失情况(根据病史)来估算液体需要量,这种方法是可行的。可通过呕吐和腹泻的液体丢失量来计算补液量。如动物发生呕吐时,通常认为其液体丢失量为 4 mL/kg。

2. 临床检查

临床检查可用于粗略判断动物的脱水程度。一般根据皮肤弹性情况来判断。提起动物颈背部或眼睑部的皮肤后再松开,健康动物的皮肤会在 2～3 s 回到原位。而脱水动物需要更长的时间。

其他用于评估脱水状况的临床检查包括:毛细血管再充盈时间、黏膜的干燥程度、眼窝的凹陷程度以及是否出现精神沉郁、虚弱以及休克症状。正常的毛细血管再充盈时间为 2 s 以下。正常黏膜应该是湿润、粉红色的;而脱水动物的黏膜会变得干燥、发黏。健康动物的眼睛明亮,但脱水动物会出现眼窝下陷、眼神呆滞的表现。正常动物会表现警觉、对周围事物充满兴趣,而脱水动物会表现嗜睡、冷漠、沉郁。表 9-1 列出了不同脱水程度的临床表现。临床上对动物的脱水程度要做出粗略的初始评估。

表 9-1　不同脱水程度的临床表现

脱水程度	临床表现
＜5％	不可察觉
5％～6％	皮肤弹性轻度降低
6％～8％	皮肤弹性显著降低 CRT 轻度延长 眼窝轻度凹陷 黏膜干燥
10％～12％	提起皮肤后,皮肤未恢复原位 CRT＞2 s 眼窝凹陷 黏膜干燥

续表

脱水程度	临床表现
12%～15%	休克早期 虚脱 即将死亡

3. 实验室检查

以下实验室检测指标可用于估计体液的丢失量以及性质。

- 血细胞比容
- 血红蛋白
- 血浆总蛋白
- 尿素
- 肌酐
- 血浆电解质
- 酸碱评估

4. 临床监测

测量动物的体重变化可用于评估脱水动物的体液丢失量,因此,必须确定动物在脱水前的准确体重。

(1)排尿量。

可利用排尿量的变化来评估动物的水合状态。动物脱水时会出现少尿表现(排尿量降低)。若排尿量恢复正常,则说明输液治疗正在起效。可采用观察法来监测患病动物的排尿量,或者留置导尿管,从而获得准确的排尿量数据。动物的正常排尿量为 $1～2\ mL/(kg \cdot h)$。

(2)中心静脉压。

中心静脉压可用于评估和监测动物的水合状态。中心静脉压是右心房处的血压。普通兽医诊所并不常进行此项检查,因为该过程需要埋置颈静脉导管,还有出血和严重感染的风险,因此,很多兽医都会尽量避免这种操作。

(三)液体的选择

输液治疗的目的在于补充动物丢失的体液,维持机体中的水和电解质平衡,从而保证细胞和器官的正常功能。

1. 液体分类

用于静脉输液治疗的液体包括全血和血液制品、胶体液、晶体液。

2. 采血

用含有抗凝剂的采血袋从供血动物采集血液。常用抗凝剂为枸橼酸磷酸葡萄糖。供血动物要求临床健康,并且血细胞比容正常。供血犬体重不低于 25 kg,供血猫不可肥胖,并且常见传染性疾病检测为阴性。

首次输血的犬很少发生输血反应。但随着输血次数的增多,犬出现输血反应的风险增大。理想情况下,供血犬和受血犬应进行血液分型,并且已经输过血的犬猫须在下次输血前进行交叉配血。血液分型是根据红细胞表面特殊抗原进行区分的,故比交叉配血更精准。普通兽医诊所可使用商品化血型测定试剂盒。

交叉配血可以避免血型不相容引起的反应。从供血动物和受血动物各采集一份血液样本,检测血浆和红细胞之间的交叉反应。交叉配血只能提示速发型输血反应,而不能预测将来的抗体反应。应尽量进行完全交叉配血试验。从供血动物和受血动物处采集 EDTA 血样,3000 r/min 离心 10 min,移除上清液。将红细胞在生理盐水中重悬,3000 r/min 离心 10 min。移除上清液,用生理盐水重悬红细胞,制成 3%~5% 的溶液。主侧交叉配血可以检测受血动物的血清抗体对供血动物红细胞的影响。将 2 滴供血动物的红细胞悬液与 1~2 滴受血动物的血浆在试管中混合,若出现溶血或凝集则结果为阳性。副侧交叉配血可以检测供血动物的血清抗体对受血动物红细胞的影响。将 2 滴受血动物的红细胞悬液与 1~2 滴供血动物的血浆在试管中混合,在 37 ℃ 孵育 60 min,若出现溶血或凝集则为阳性结果。

3. 输血

为受血动物输血需要用带有滤器的输血装置。滤器可阻止血凝块进入受体动物的循环系统。计算输血速度前需了解输血装置的滴注速度。输血前要先将血液孵育到 37 ℃,过度加热会发生凝集和蛋白质降解。

(1)Oxyglobin^{TM}。

Oxyglobin^{TM} 是一种含有血红蛋白的血容量扩充剂,通过增加血氧含量和扩充血管容量改善氧气运输。当前只批准用于犬,适用于重度贫血病例。与全血相比,Oxyglobin^{TM} 的主要优势在于无输血反应,故不需要进行血液分型和交叉配血。此外,因不需要寻找供血动物,故可节约时间。但 Oxyglobin^{TM} 价格昂贵,无法常规使用。

Oxyglobin^{TM} 使用前需加温至 37 ℃,通过标准输液器和静脉导管输注,不可与其他液体混合输注。推荐剂量为静脉输注 30 mL/kg,速度不超过 10 mL/(kg·h)。

(2)胶体液。

胶体液含有大分子,与晶体液相比,可在血管内停留更长时间。即胶体液在扩充血管和维持血容量上,比晶体液更有效。胶体液的高渗透活性可将组织间隙和细胞内的水分渗透进血浆,因此,胶体液常被称为血容量扩充剂。

胶体液用于心血管系统需快速改善的情况,如出血、休克、严重脱水。

出血后,有时使用胶体液比血液更好,因为找到供血动物比较困难,或无法进行交叉配血时,胶体液可以避免出现输血反应。

(3)葡聚糖。

葡聚糖是一种高分子量的人造胶体液。

(4)明胶。

明胶是一种淡黄色等渗胶体液。分别是 Haemaceel^{TM} 和 GelofUsin^{TM}。明胶需要在室温下保存,使用标准输液器和静脉导管滴注。用药前不需进行交叉配血,但禁止与全血一同输注。

(5)血浆。

血浆也是胶体液的一种。可通过离心等操作将全血分成血浆和压缩的红细胞。但普通兽医诊所大都缺乏这些设备。如果可以实现,那么不仅能让患病动物接受血浆蛋白治疗,还可以将输血反应的风险降到最低。

(6)晶体液。

晶体液又称为电解质溶液。晶体液进入细胞外液,再以细胞外液进入其他机体体液隔室,维持体液平衡。常用晶体液的构成与血浆相似。肾功能正常的动物,晶体液会随尿液排出。

(7)乳酸林格氏液。

乳酸林格氏液的电解质构成与细胞外液相似,含钠离子(Na^+)、钾离子(K^+)、钙离子(Ca^{2+})、氯离子(Cl^-)和乳酸盐。

乳酸林格氏液适用于多种液体和电解质丢失。乳酸盐在体内代谢为碳酸氢盐,用于治疗临床常见的代谢性酸中毒。

(8)0.9%氯化钠(生理盐水)。

这种溶液含有 Na^+ 和 Cl^-,但不含有 K^+,适用于体液和电解质丢失,尤其是一些由潜在疾病导致的血钾上升,输液治疗时一定要注意避免额外输入 K^+。

(9)5%葡萄糖。

5%葡萄糖是由水加入少量(50 mg/mL)葡萄糖配成的等渗溶液,以便直接注入静脉。这种液体不含电解质,只能供给机体水和少量葡萄糖。5%葡萄糖适用于因不能经口饮水而引起的单纯性失水,也可用于低血糖病例。但因所含葡萄糖太少,故对动物的能量摄入无明显影响。

(10)0.18%氯化钠和4%葡萄糖。

0.18%氯化钠和4%葡萄糖也称糖盐水,其成分主要是水,也含有少量钠和氯,以补充正常动物尿液中的丢失量。适用于单纯性失水,有时也可用于维持补液,但后者需要在滴注袋内加入钾。

(11)林格氏液。

林格氏液主要含有钠、氯和钾,适用于伴有缺钾的水和电解质丢失,主要用于严重呕吐的子宫积脓病例。呕吐导致 H^+ 和 Cl^- 大量丢失,引起 Na^+ 过多,肾脏为了代偿过量的 Na^+,可能会导致低钾血症。

(12)复方氯化钾溶液。

复方氯化钾溶液含有 Na^+、Cl^- 和 K^+,K^+ 的含量高于林格氏液和乳酸林格氏液。复方氯化钾溶液主要用于伴有缺钾的代谢性酸中毒,如持续性腹泻。

(13)高渗盐溶液(7.8%或9%氯化钠)。

高渗盐溶液较少用于小动物的静脉输液治疗。静脉滴注高渗盐溶液时,其高渗透性会使液体从细胞内进入血管,这会导致循环血量快速而急剧地增加。高渗盐溶液适用于严重的血容量减少症,如胃扩张扭转、严重失血等。通常使用 7.8% 的高渗盐溶液,静脉输注量为 4~5 mL/kg。

(14)补钾。

动物出现低钾血症时,可以将钾加入晶体液中进行补充。低钾血症指血钾浓度低于 3.5 mmol/L。对于可能发生低钾血症的动物,应进行检查并根据情况补钾。表9-2 为补钾的推荐量。补钾速度每小时不应该超过 0.5 mmol/(L·kg),否则会有发生高钾血症和心脏毒性的风险。如果将钾加入晶体液的输液袋中,要反复摇匀,并在输液袋上标注已经添加钾。

表 9-2　低钾血症的补钾剂量

血钾/(mmol/L)	液体中应加入的氯化钾/(mmol/L)
3.6～5.0	20
3.1～3.5	30
2.6～3.0	40
2.1～2.5	60
<2.0	80

　　针对不同的临床病例,需要根据患病动物的情况选择不同的液体进行治疗。通常遵循"缺什么补什么"的原则,即失血时,用血液来补充;失水时,补充水分;水和电解质同时丢失时,补充水和电解质。

　　(四)酸碱平衡

　　pH 值是反映氢离子浓度的指标,即溶液的酸碱性。中性溶液在 25 ℃时,pH 值是 7;pH 值小于 7 是酸性溶液,大于 7 是碱性溶液。为使细胞正常代谢,机体的 pH 值需要维持在一定范围内。血液的正常 pH 值是 7.35～7.45。血液 pH 值低于 7.35 时,机体处于酸中毒状态;pH 值在 7.45 以上时,机体则处于碱中毒状态。机体 pH 值超出正常范围会引起很严重的问题,细胞(以及组织和器官)不能正常运转,最终会导致死亡。

　　(五)计算液体需要量以及输液速度

　　1.计算液体需要量

　　(1)计算需要多少液体才能补充动物丢失的液体量,这需要通过临床检查、实验室检查或者动物的病史来进行推算。用于补充已经丢失的液体的量称为丢失量。

　　(2)计算动物静脉输液期间正常需要摄入的液体量,即动物的正常维持需要量,可估算为 50 mL/(kg·24 h)。

　　(3)总液体需要量为丢失量和维持需要量的总和。

　　2.计算滴注速度

　　计算出动物 24 h 内的液体需要量之后,下一步就是确定液体应以何种速度通过输液器。输液器的外包装上标明了滴注系数,也称为输液器速度。滴注系数就是 1 mL 液体的滴数,常见的滴注系数为 15 或者 20,即输液器每滴注 15 或 20 滴为 1 mL。

　　(1)确定 24 h 液体丢失量,单位为 mL。

　　(2)确定 24 h 的维持需要量,单位为 mL。

　　(3)确定每小时液体需要量,单位为 mL/h(丢失量与维持需要量的和除以 24)。

　　(4)确定每分钟的液体需要量,单位为 mL/min(每小时的液体需要量除以 60)。

　　(5)确定每分钟的液滴数(每分钟的液体需要量乘以滴注系数)。

　　(6)确定滴注速度,即多少秒滴注 1 滴(用 60 除以每分钟的液滴数)。

　　3.急性体液丢失

　　严重或者急性体液丢失的情况下,应该调整输液治疗方案,使血容量能够快速恢复,而后再缓慢补充机体丢失的总水分。例如,在第 1 个小时内应快速补充 25% 的丢失量,然后在剩下的 23 h 内缓慢补充剩余的丢失量。通常,可以用血容量扩充剂(胶体液)来补充第一部分的丢失量。

(六)补液方式

1. 口服

若动物可自主饮水,则应使用口服途径补液。动物主人可在家中鼓励动物饮水,故无须住院。可选择商品化的等渗或低渗液体:这些液体含水和电解质,可让动物自主饮用,也可通过注射器或饲喂管补液。但是,口服途径补充的液体量不足以纠正重度脱水动物的水合状态,且脱水动物的胃肠道功能受到影响,无法充分吸收液体。此外,有些液体不可口服,必须使用其他补液途径。

2. 皮下注射

液体可通过皮下注射给予,但至少需要 30 min 才可吸收,休克动物皮下吸收液体所需的时间更长,故皮下补液通常不是首选途径。此外,皮下注射比较疼痛,因此,每个部位仅可注射少量液体。注射部位可能会出现皮肤坏死或感染,但较少见。

皮下注射通常对小型动物更为有效,因为其他补液途径可能对这些动物不太实用。皮下补液还可用于水合状态恢复后的维持补液。另外,慢性肾衰的猫可通过皮下补液进行长期支持治疗。

3. 腹膜腔内注射

腹膜腔内注射有时可用于轻度脱水的小型动物。腹膜血管通常保持扩张直至休克后期,因此,休克前期可使用此途径补液。注射部位液体吸收大约需要 20 min。腹膜腔内注射可能出现的并发症包括不慎将液体注射入内脏器官。

4. 直肠补液

虽然直肠补液可以补充大量非灭菌液体,但小型动物耐受不良,因此较少使用。若动物的胃肠道无法吸收液体,则不可使用直肠补液。呕吐、腹泻及休克动物难以从直肠有效地吸收液体。

5. 骨内补液

骨内补液较为有效,通常用于无法进行外周补液的情况,如循环衰竭。由于骨内静脉会汇入体循环静脉,故循环衰竭时骨髓并未受到影响。骨内补液可用于新生动物或小型犬,因为这些动物的外周静脉太细,难以放置导管。

骨内补液常用部位包括胫骨嵴、股骨内侧转子窝、髂骨翼、胫骨粗隆和肱骨大结节。可注射大量全血、胶体液和晶体液。此途径可能并发骨髓炎,因此,一旦动物可通过静脉补液,应立即停止骨内补液。骨内导管忌用于败血性休克、骨折动物及鸟类的中空骨。

6. 静脉补液

静脉补液的主要优点是液体会直接进入最需要的部位,即循环系统,可在短时间内通过静脉途径补充大量液体。静脉补液需要特殊设备,并对动物进行密切监护,否则动物可能发生水合过度。能够快速而直接地向血管内补液是静脉补液的一个重要优势。需要注意的是,血液或血液制品只可通过静脉或骨内途径给予。

通常用外周静脉进行静脉补液——主要是头静脉或隐静脉。头静脉位于前肢远端头侧,隐静脉位于跗关节外侧。有时也用中央静脉进行补液。可根据个人偏好选择静脉,其中颈静脉的内径最大,可在短时间内补充大剂量的液体。

（七）患病动物的监护

静脉输液治疗的动物需要进行 24 h 监护。除普通住院记录之外,还应该填写输液监护表。兽医诊所应该制定适合自身需要的输液监护表。输液过程中有可能会出现以下问题:

1. 补液过量

动物在静脉输液治疗期间可能发生补液过量,引起机体组织水肿（液体蓄积）。尽管补液过量并不常见,但仍需对患病动物进行监测。大多数情况下,如果补液过量,肾脏会排泄出多余的液体,以恢复机体正常的水平衡。如果动物患有疾病,尤其是心脏或者肾脏疾病,则容易出现补液过量的问题。一般最大输液速度是 $10\sim15$ mL/(kg·h),这个输注速度既可快速纠正体液紊乱,又不会引起补液过量。

2. 避免补液过量的措施

- 小型动物（体重<5 kg）应使用滴定管式输液器或者微量泵。
- 无须使用滴定管式输液器或微量泵的患病动物应使用输液泵。
- 认真计算补液量及输液速度。
- 获得患病动物准确的病史。
- 定时对患病动物进行临床评估。
- 定时对患病动物进行临床检测。
- 监测排尿量,并和输液量进行对比。

对患病动物进行监护时,需要知道动物舒适时的表现,由此可以发现补液过量的早期指征,如动物变得更加安静或者沉郁。记录直肠温度,还需记录外周脉搏的频率和强度,补液过量时呼吸频率可能会升高。检查毛细血管再充盈时间和黏膜颜色对大多数动物都比较容易实现。这些临床指征可以用来估计心排血量。

监测患病动物静脉输液时的排尿量非常重要。留置导尿管和尿袋可以持续而精确地监测排尿量。将导尿管固定好后,与尿袋相连。另外,可以把空的输液袋和输液器改装为尿袋,并用三通管与导尿管相连;或者在导尿管的末端放一个塞子,然后定期用三通管和注射器将尿液抽出。

如果未留置导尿管,也可对排尿量进行粗略估计。当观察到动物排尿时,收集尿液;若动物在尿垫上排尿,对尿垫进行称重,尿垫重量每增加 1 g 大概有 1 mL 的排尿量。这些方法不适用于重症动物,因为需要准确测定重症动物的排尿量。一旦动物恢复正常的水合状态,排尿量就会恢复正常。注意正常的排尿量是 $1\sim2$ mL/(kg·h)。使用听诊器听诊胸腔,如果听到胸部有湿性啰音,应立即保持关注。出现湿咳,表明静脉输液的速度应该减慢。

颈静脉怒张很容易触及,这也是补液过量的指征。可通过测定血细胞比容来评估水合状态:脱水时动物血细胞比容升高,输液治疗之后,丢失的体液得到补充,血细胞比容就会下降。中心静脉压也是动物水合状态的指征,有条件的可进行测定。

3. 输液中断

监护患病动物时,要注意检查液体流速是否合适,输液袋中是否有足够的液体,这一点很重要。还要检查输液器是否出现弯折或漏液,如果发生输液管弯折,则应立即拉直。螺旋式输液器不易发生弯折。

如果液体停止滴注,应确定问题的来源。若是静脉导管阻塞,可使用 5 mL 灭菌生理盐水或者肝素生理盐水冲洗静脉导管,然后重新设置液体流速;如果液体仍无法流动,必须更换新的静脉导管。因患病动物破坏,或者在笼舍内来回走动,静脉导管可能会掉落,需要再次埋置新的静脉导管。患病动物可能会抓咬输液器,应检查输液器是否有破损,如果有破损,则需要连接一个新的输液器。

因连接不牢固或患病动物的破坏,输液器可能会与静脉导管断开。液体从输液器流出可能会沾湿动物腿部及周围床垫,将输液器与静脉导管连接牢固后,还需将动物以及床垫弄干。

包扎静脉导管的绷带应至少每天更换一次,以确保洁净,如此也便于检查导管的位置。患病动物可能会抓咬绷带,其本身也很容易受到污染,一旦发生这种情况,应更换绷带。经常干扰输液的动物应佩戴伊丽莎白项圈。

三、输血疗法

血液制品主要用于病犬猫的支持疗法,以矫正体液不足或失调。输血和输液治疗都必须小心进行,在使用血液制品之前,兽医师应该评估血液制品对每一个病犬猫的风险与益处,从而拟定病犬猫的治疗计划。尽管输血可能会有风险,但是大部分的兽医师仍视它为动物救命的手段。

(一)血液种类

1. 全血

全血是由供血者的血液与一定量的抗凝剂混合而来的。关于犬猫的一单位全血的容量,兽医学上并无标准定义。参照人类血液样本采集标准,通常 450 ± 45 mL 的血液加上 63 mL 抗凝剂被设定为一单位。全血包含红细胞、凝血因子、蛋白质和血小板,而且全血也是最常用于犬猫输血的产品。全血被冷藏之后,其中的白细胞与血小板就会失去功能。全血起始使用剂量为 $10\sim22$ mL/kg。

2. 浓缩红细胞

浓缩红细胞是全血移除血浆之后所留下的细胞、少量的血浆和残留抗凝剂。猫给予一单位的浓缩红细胞液后,血细胞比容的增加相当于输入一单位的全血。因为不含有血小板和部分凝血因子,所以浓缩红细胞液只在治疗临床症状明显的贫血时使用。猫输全血或是浓缩红细胞的原因有 52% 是失血性贫血,有 38% 是红细胞生成障碍,还有 10% 是溶血性贫血。在犬输血情况中,70% 是失血性贫血,14%~22% 是溶血性贫血,8%~14% 是红细胞生成障碍。起始使用剂量为 $6\sim10$ mL/kg,使用时间应持续到贫血的临床症状缓解。

3. 新鲜冷冻血浆

新鲜冷冻血浆通常是由抗凝的新鲜全血在 8 小时内离心取得,并经冷冻处理的血液制品。新鲜冷冻血浆含全部凝血因子,若储存于 -30 ℃ 以下的血液冷冻库中,12 个月后仍有功能作用,而在 -20 ℃ 的环境下可以维持凝血因子的功能约 6 个月。假如血浆解冻而未使用,可以在解冻 1 个小时内再度冷冻,这样不会影响凝血因子的活性。

新鲜冷冻血浆常用于治疗多种犬猫疾病。但新鲜冷冻血浆不建议作为白蛋白来源或在扩张血液容积和营养支持时使用。在凝血因子缺乏的病例中,血浆可以起到治疗作用。凝血功能异常的治疗,建议的起始剂量为 $6\sim10$ mL/kg。在控制出血的状况下,多次给予剂量也许是必要的,因为凝血因子的半衰期是短暂的,尤其是在出现弥漫性血管内凝血的病犬猫。凝血功能测试结果正常后可停止使用。

4.冷冻沉淀品

冷冻沉淀品是新鲜冷冻血浆在0~6 ℃解冻时,离心之后移除血浆而得到的白色沉淀物。冷冻沉淀品是温韦伯氏因子、纤维蛋白原、第八凝血因子、第十三凝血因子的浓缩构成,可有效治疗由凝血因子缺乏所引发的疾病,也可以用新鲜冷冻血浆取代。在治疗温韦伯氏疾病时使用冷冻沉淀品的效果会优于冷冻血浆,因为冷冻沉淀品中含有更多凝血作用因子。初步研究发现,给予剂量为5~7 mL/ kg的冷冻沉淀品可以矫正凝血功能低下的状况。冷冻沉淀品等于新鲜冷冻血浆在治疗血友病 A 的状况,剂量为每10 kg 体重使用一单位。

5.血小板血浆

血小板血浆是采用较低速的离心方式由新鲜全血分离出来的,一般比制造浓缩红细胞和血浆的离心速度还慢。在血库以外的地方储存新鲜的血小板是不切实际的,因为新鲜血小板需要储存在特殊的塑料袋子里且在20~24℃持续地搅动。为患有自体免疫性血小板减少症的人类病患输注血小板,血小板会被快速破坏。常见的犬血小板减少症属于自体免疫性血小板减少症,许多免疫性血小板减少症出血病例可能不适合使用血小板输液。假如给予血小板输血,则剂量是由每10 kg 体重的全血收集而来的血小板为一单位。

6.血白蛋白

犬血白蛋白是从犬血浆浓缩萃取的白蛋白。低白蛋白血症在犬的疾病中是预后不良的预测指标,使用人血白蛋白输液来矫正低白蛋白血症是符合医疗介入治疗方式的。

7.静脉注射免疫球蛋白

静脉注射使用的免疫球蛋白是高度纯化的免疫球蛋白G,由犬血浆浓缩萃取而来。此产品价格昂贵,限制了临床使用。调配后的注射免疫球蛋白要在 6 个小时内使用完毕,大部分单次治疗剂量是 0.5~1.0 g/kg,但某些病例要采用 3 倍剂量,连续使用 3 天。

(二)输血的血液来源与血液制品

兽医临床上使用的血液通常来自血库,在中国则以朋友的大型犬或院内的捐血犬为主。院内饲养可以确定捐血者的健康情形,有利于疾病控制。由流浪狗身上取得血液是不安全的做法,容易出现传染病或感染不明的疾病。

1.捐血者的选择

理想状况下,捐血的犬猫的血型和健康状态最好能够在捐血前就得到确定,这样才能保障输血时的安全。捐血犬或猫都应该在捐血前进行传染病的筛检。根据实际状况,在需要输血时应该遵循此建议。至于血型,最好能够进行鉴定,倘若有困难,可进行配对试验来排除较不适合的捐血者,只是过程较为复杂费时。

2.皮肤准备

采血的过程中,要严格执行无菌制度和消毒操作,避免血液被微生物污染。可能的话,所有采血器具都应该是一次性的,避免污染血液。首先需要在采血的静脉位置将毛发剃除干净,使用外科手术的标准刷洗采血处。理想的采血部位及范围取决于捐血动物的状况,建议使用2%~4%的氯己定刷洗采血部位约30秒,再用酒精消毒两次,采血者需要戴上无菌外科手术手套进行采血。

3. 捐血者的传染病筛检

筛检传染病这个步骤对于输血的安全性具有重要意义。根据美国兽医内科医学院的资料，犬最重要的传染病病原筛查为犬巴贝斯虫、血巴尔通体、利什曼虫、埃利希氏体和布氏杆菌的检查。若是捐血犬出现发热、呕吐、腹泻等症状，则不应该捐血，因为捐血者的血液可能会被小肠结肠炎耶尔森氏菌污染。猫主要关注猫白血病、猫艾滋病、巴尔通体、埃利希氏体和新立克次体。由于猫白血病及猫艾滋病的潜伏期达三个月之久，因此猫若要长期捐血，可能需要经过连续三个月的筛检，确认已排除这两种传染病。

4. 捐血者的健康维持

应给予健康的捐血犬猫安全性高的食物，而且每次捐血前应该进行完整的生理学检查、全血细胞计数、血液生化检查，另外，每年都应该实施粪便检验。假如捐血犬或猫会有户外活动或有外寄生虫的问题，则需要进行传染性疾病的常态化筛检。供者应该根据每个区域血库的要求，检验心丝虫疾病、治疗外寄生虫和接受疫苗注射。理想的捐血猫是室内饲养的，不会和其他猫产生接触，因此捐血猫一般不需要接受猫白血病、艾滋病、传染性腹膜炎的疫苗注射。捐血猫若是经常在户外活动或暴露在有跳蚤的环境中，则血浆感染的罹病率是室内饲养猫的两倍，因此限制捐血猫户外活动是防止传染病的最好方式。

（三）采血所需的器材

柠檬酸葡萄糖溶液可用来储存犬血或猫血，已有 500 mL 的商品化收集袋可供使用，也可将溶液置于针筒内直接采血。使用柠檬酸葡萄糖溶液储存的血液，猫和犬的红细胞分别只能维持大约 30 天和 21 天。

（四）采血

1. 犬

捐血犬之前若是没有捐血的经验，可能需要给予镇静剂以方便采血。一般让捐血犬保持趴卧抬头的姿势，利用颈静脉采血，若是用股动脉采血法，则捐血犬以侧卧姿势为佳。至于采血的方式及位置则由采血者的经验决定。关于镇静药物的选择，不建议使用乙酰丙嗪，因为会造成低血压和血小板功能失常。

采血时可利用重力让血液自然进入血袋中，也可以使用吸引器来采血。如果利用特殊的真空吸引器进行采血，那么采血速率不能大于血液透析时的血流速度。

2. 猫

捐血猫在献血时一般都需要镇静，建议静脉注射合并药物氯胺酮/地西泮。镇静剂是从静脉给予的，应选择周边血管如头静脉或内侧隐静脉，留下颈静脉供采血使用。由于献血猫的一次献血量不宜超过 10 mL/kg，可以使用一至两支针筒进行采血，具体根据采血量决定。建议使用 19G 的头皮针由颈静脉进入采血，假如需要使用第二支针筒，则先抽满第一支针筒后，直接移除并换上第二支针筒，不用重新放置采血针。由于采用的是开放式系统采血，因此应该在采血后 4 小时内将所有采集的血液输完。

3. 采血前的配对试验

一般而言，受血者的免疫系统会在 5 天后开始产生抗体，因此如果在输血后的 5 天内需要再度输血，则要严格地进行血液配合性试验。血液配合性试验并不会防止输血之后的免疫反应,但是可以确定再次输入的血液不会造成急性溶血的输血反应。

4.抗凝血剂

输血时为防止血液凝固,常在血液中加入抗凝血剂,枸橼酸钠溶液是常用的抗凝血剂。在储存时间内,抗凝血剂无法提供红细胞所需营养,血液采集后应立即用于输血。抗凝剂加保存液的设计是为了给红细胞提供营养及储存血液时维持红细胞功能。

(五)输血与输血方式

血液和血浆的给予途径有几种,最常见的是经由血管直接给予。留置针的直径决定了输血的速度,因为血流通过小直径的留置针时速度会减慢。使用小直径的留置针不会减少输血时产生溶血的概率。

由骨髓给予是另一种方便输血或给予血浆的途径。正常犬只由骨内留置针途径给予输血,5分钟后93%~98%的红细胞会进入周边血液中。这种快速及简单的方法可使用于血管已经塌陷的犬猫或特别小的犬猫。特殊的骨内留置针目前已经可以使用,另外,脊髓针、骨髓穿刺针、套管留置针、普通注射器针头等都可以使用。可选择放置骨内留置针的位置有股骨的转节窝、内侧胫骨、髂骨翼。经由骨内留置针途径的血液流速可能很快,因此需要仔细监控输入的速度。在紧急状况下,血浆输入可以选择腹腔给予方式进行,但是不适合输入红细胞。

输血速率取决于受血者的状况。在大量出血时,输血应该是越快越好。当状态正常且稳定的病犬猫需要输血时,建议以每小时0.25 mL/kg的起始速率给予30分钟,若无异常反应发生再提高速率。若是有心脏病的病犬猫,则输血速率每小时不能超过4 mL/kg;猫正常血量状况下每小时不超过10 mL/kg,心血管功能异常时每小时不超过4 mL/kg,低血量休克时每小时不超过60 mL/kg。不论选择何种输液速率,都应该在4个小时内将需要的血量补充完成,时间过长会增加血液被细菌污染的风险。可以使用输液泵来控制输血的速率,但是要确定输液泵不会造成血液溶血。

输血之前先将血液回温,血液回温一般用于需要输入大量血液的情况或受血者是新生动物的情况。成年动物接受一单位血液时可以直接使用由冷藏库取得的血液,但是最好的方式还是回温后再使用。血液回温可利用干热、无线电波、微波或电磁波等方式,但是成本较高。冷藏的人类血液与45~60 ℃的0.9%生理食盐水按照1∶1比例混合可以快速回温,而且不会伤害红细胞,但是这个方法并没有在犬猫血液上试验过。一旦血液回温到37 ℃,血液会快速变质,变质的血液一定要及时抛弃。新鲜的冷冻血浆在输血前一定要解冻,使用微波炉进行解冻的结果不是很理想,因为微波炉加热血液时会出现受热不均匀的情况,效果不佳。血浆可在室温环境下解冻,若需要缩短解冻时间,则可以将血浆放入塑料袋中隔水加热。解冻后1个小时内未使用则需要再次冷冻,不然会失去抗凝效果。解冻后4个小时内应使用完毕或丢弃。

在输血期间应监控受血者的生理状况。直肠温度、心跳速率和呼吸速率应该在前30分钟内每10分钟记录一次,之后是每30分钟一次,并记录是否有呕吐、腹泻、荨麻疹和血红蛋白尿、血红蛋白血症,是否有生命体征的改变或输血反应的临床症状。若出现过度喘息、呼吸困难和心动过速,可能是输血容积过量导致的。

（六）输血的副作用

1. 急性免疫输血反应

在兽医临床中,最常见的输血后急性溶血病例就是将 A 型血给予 B 型血的猫后产生的急性溶血。受血猫自然产生的自体抗体、补体与输血血细胞结合,造成溶血。急性溶血的临床症状包括发热、呕吐、嗜睡、黄疸和死亡。实验室检测结果通常会出现库姆斯氏试验呈阳性,血细胞比容急速下降和血清中的胆红素浓度增加。

犬急性溶血的临床症状与猫相似,但不完全相同。大部分犬的症状是发热、躁动、流涎、失禁和呕吐。某些犬会出现休克和猝死。在输血后几分钟内,血浆和尿液的血红蛋白浓度增加,不相容的血细胞在两个小时内会从循环系统内被清除。

其他急性免疫输血反应包括非溶血性发热和荨麻疹。非溶血性发热是抗体作用于供血者白细胞的结果,而荨麻疹是抗体作用于供血者的血浆蛋白质的结果。非溶血性发热反应不需要治疗,假如病犬猫不舒服可以给予解热剂来缓解。荨麻疹是犬输血浆后最常见的反应。假如荨麻疹是因为输血浆所造成的,可以短期使用类固醇和抗组胺药进行治疗。再度输血浆时应保持低速率,而且要小心观察受血者的状况。

2. 延迟性免疫输血反应

延迟性免疫输血反应分为延迟性溶血、输血引起免疫抑制、输血后紫癜和移植物抗宿主反应。这些反应是无法由血型检验和血液配对试验来预防的。延迟性免疫输血反应会发生在输注异体红细胞之后。虽然给予受血者的是兼容血液,但受血者也许会产生抗体来拮抗输入的红细胞。这种输血时对抗原的记忆反应会导致输血 7～10 天后发生延迟性的溶血反应。

3. 采血质量相关的改变

不合格的血液制品会传染细菌、螺旋菌或原虫,这类血液制品进入受血者体内后,会使其出现相关疾病的临床症状。被细菌污染的血液会导致休克,因此要尽快扩张血容量并给予升压物质,同时根据革兰氏染色结果来给予抗生素。内毒素性休克是由血液被产内毒素的细菌严重污染所致。接受细菌污染的血液后,猫的临床症状包括虚脱、呕吐、腹泻和急性死亡,但是大部分猫并不会出现临床症状。对于犬而言,若出现低血压休克是因为接受了犬巴贝斯虫感染的血液。

4. 血液储存相关的改变

血液储存期间,红细胞的 ATP 含量会降低,某些细胞发生溶血将导致细胞的钾离子释放到储存液中。储存液的钾离子增加是病犬猫接受大量储存血液的输血后出现高血钾的重要原因。大量储存血液的输血会造成高钾血症,但是这很少会发生,除非病犬猫有肾衰竭或之前就有高钾血症。原本患有高钾血症的病犬猫,输血后一定还有高钾血症,因此储存血液应该和生理盐水间隔使用,因为生理盐水不含有额外添加的钾离子且刺激肾脏排除钾离子。出现高钾血症时,静脉注射胰岛素,再给予 50% 葡萄糖液,另外,需要监控血糖及血钾浓度,直到血中的钾离子浓度恢复正常。

储存期间对红细胞形成物理性伤害(如冷冻或过度加热)时,输血时病犬猫常出现血红蛋白尿和血蛋白血症的并发症,但是不常出现急性溶血输血反应的临床症状,如发热、呕吐或虚弱。

在血液储存期间,也许会形成血块或出现气泡,从而在输血过程中造成栓塞。血栓症在输血的过程中是少见的副作用。静脉的空气血栓会造成突发性肺血管堵塞、心前区杂音、低血压和呼吸衰竭造成的死亡。

5.输血量相关的改变

大量输血容易引发多种副作用。柠檬酸盐抗凝剂会与钙及镁离子结合,导致离子钙过低或离子镁过低,从而造成心肌功能失常和潜在的心脏停止或抽搐。动物因为大量输血而出现低离子钙的情形时,应该使用葡萄糖酸钙或氯化钙进行补充。病犬猫大量输血时,低体温是另一个常见的副作用,可以使用保暖设备如毛巾、保温水毯、保温灯、电热毯等进行护理。因储存血液中也含有抗凝因子,所以输血后会造成受血者的凝血时间延长。犬接受大量输血后,凝血时间的延长会出现预后不良,因此可以给予新鲜冷冻血浆来矫正不正常的凝血功能。

任何输血都可能引起循环容积超负荷,因此对于有严重的慢性贫血症状的犬猫以及循环系统出现代偿状态、患肺水肿的犬猫来说,输血风险都比无心肺疾病的犬猫要大。犬猫输血后形成循环容积超负荷时,可以供给氧气治疗或采用利尿剂和血管扩张剂治疗,一般而言会在1至2小时内得到改善。

6.评估可能出现输血反应的病犬猫

在动物可能出现急性输血反应时,应该立即停止输血,并采集受血者的血液及尿液来做生化、血液学和凝血功能检查,与输血前的基础线进行比较。应该确定血液的来源是没问题的,确认血液配对及血型是无误的。应对血袋中的血液进行革兰氏染色及细菌培养,以排除血液污染的问题。检查尿液是否出现血红蛋白,检查受血者的肛温是否高于输血前的温度。与输血相关的发热定义为输血后体温比输血前体温增加。心血管系统应该使用心电图和血压计来监控心跳及血压。及时检验血清钙离子及钾离子浓度很重要,假如无法快速检验血清中的电解质浓度,可以观察心电图,若心电图出现过长的 QT 间隔且正常的心跳速率,则要考虑为低钙血症;而 P 波振幅减小、P 波消失或增宽都是高钾血症的特征。一般通过给予晶体溶液如乳酸林格氏液或生理盐水来维持静脉通路及血压。当怀疑病犬猫出现输血并发症时,可能是发生急性输血反应,需重复检验血型和进行血型配对试验来判断是否为实验室检测错误所致。若病犬猫出现发热而没有溶血的症状,在革兰氏染色结果为阴性的情况下可排除细菌感染,则可以再度给予输血。

确认输血过程的反应是重要的,而且不要误认为是其他疾病造成的。延迟性输血反应通常会用支持性疗法来解决,唯一例外的是输血后感染,这需要针对感染的问题进行治疗。

7.预防性策略

针对输血反应进行预防性处理是必要的,可根据简单的输血原则来进行,包括捐血者的选择、血型的检测、血液的储存和输血的方式,大多数的输血反应都是可以预防的。血型配对试验可作为安全输血的保障步骤,主试验及副试验可以监测供血者及受血者的血浆抗体可否产生急性溶血输血反应,然而就算是兼容的血液也有可能出现输血反应。血型配对试验无法预防红细胞抗原的敏感反应,因为血型配对只能监测目前供血者及受血者的血液中的抗体,无法预测之后的输血反应。

四、营养疗法

合理的营养是防止动物发生疾病的基础,患病动物的营养状况直接影响到疾病的转归和预后。在兽医临床上,许多患病动物存在不同程度的蛋白质-热能营养不良。发生蛋白质-热能营养不良及缺乏维生素 A、维生素 E、维生素 B_6、叶酸、铁、锌、硒等的犬猫,其机体免疫能力会下降,极易发生感染。若营养不良合并感染,则易引起患病动物死亡。给予患病犬猫以营养治疗,能保证动物完整的功能细胞的存在,并提高机体的免疫能力,使机体对各种侵袭因子和应激具有防御的能力,帮助和促进机体复原。所以,营养疗法是临床综合治疗措施的重要组成部分,其他疗法不能代替营养疗法。

对患病动物实施营养治疗,首先要对患病犬猫的营养状况进行评价。评价营养状况的方法要适当,应能使临床兽医迅速地发现患病动物存在的营养不良状况,并有助于制定营养不良的治疗方案。

由于疾病性质、疾病发展阶段及严重程度的不同,患病动物的食欲也常常受到不同程度的影响。因此,应根据不同病情选择不同食物。病情严重的犬猫多数食欲废绝,这时应选择肠外营养疗法或胃管投饲法。若患病动物仍有食欲,则可根据病情选择食物。选择食物最好在对疾病做出诊断的基础上进行。

(一)胃肠阻塞及便秘

动物患胃肠阻塞如胃积食和肠阻塞等时,病初应禁食 1~3 d,配合对原发病的治疗,营养疗法可以供给充足饮水。当阻塞消除后,应逐渐提供富营养、易消化的食物至正常喂量。选择饲料时应注意维生素和电解质的供应。便秘时应选择高纤维饲料,增加粗饲料喂量,减少精饲料喂量;适当加喂含脂肪多的饲料,如炒熟的油菜籽、花生仁等;供给足量 B 族维生素,尤其是维生素 B_1,因维生素 B_1 不足可影响神经传导,从而减慢肠蠕动;供给足量水分,在水中加入少量食盐;饲喂一些有刺激性的饲料(如萝卜及其叶)以增强肠蠕动。

(二)腹泻

动物发生腹泻可影响肠道对饲料中营养物质及水分的吸收,引起营养缺乏。急性腹泻可导致脱水、酸中毒、水与电解质失衡等。急性腹泻的营养疗法如下:急性水泻期应禁食;有脱水者,除了治疗原发病和静脉补液外,还应饮服生理盐水;待病情缓解后,给予少量清淡的流质饲料,如米粥、面汤等。急性腹泻应禁食糖、奶等食物。慢性腹泻的营养疗法如下:采用低脂肪、低粗纤维、高蛋白、高热能的流质饲料,少量多次饲喂;可给予口服补液盐溶液,提供丰富的维生素与矿物质,特别是 B 族维生素和钾的补充尤为重要;禁喂坚硬、刺激性饲料。

(三)呼吸系统疾病

动物患呼吸系统疾病时除了治疗原发病和改善环境及空气质量外,应注意选择清洁无灰尘、无发霉现象、无异味、无刺激性的饲料,应提供优质青绿饲料和优质蛋白质饲料,干草应在喂前浸湿。禁用麦衣等细碎饲料或含有粉尘的饲料。

(四)充血性心力衰竭

患充血性心力衰竭的动物会出现水潴留、低钾血症、低镁血症、钙代谢异常等,营养治疗的目的是控制体内的钠和水,减轻心脏负担。其营养疗法是控制钠和水的摄入,禁食含盐量高的饲料,减少饲料中的食盐,饮水量要适当减少,适当补钾,供给富含维生素的饲料,尤其是 B 族维生素和维生素 C。

(五)泌尿系统疾病

患急性肾炎的动物在急性期时应限制水分和钠的摄入,以减轻水肿,避免心力衰竭和高血压病的发作,促进其自然恢复。要求提供易消化、无盐或低盐、富含维生素的饲料,在病初尿少时,应限制蛋白质摄入;选用有利水消肿功效的饲料,如赤小豆、薏苡仁、冬瓜等,忌用刺激性饲料。慢性肾炎是一种肾小球免疫性炎症,肾损害的基本表现是不同程度的血尿、蛋白尿和管型尿,代谢障碍表现为低蛋白血症、代谢废物体内蓄积、水盐代谢紊乱、铁利用障碍等。其营养疗法是禁食有刺激性的辛辣饲料(如萝卜叶、油菜叶等),同时禁食富含嘌呤类饲料(如肉粉、鱼粉、豆饼等);宜饲喂含钠低的绿色蔬菜等。

（六）尿结石

对于患尿结石的动物,多提供富含维生素 A 的饲料,多喂水。

 思考题

简述输血时的注意事项和副作用。

急症处理

一、小动物急诊监护

人们想到"监护"的第一反应就是利用设备进行监护,但监护设备不能代替患病动物的临床评估。仪器监护是评估患病动物的重要组成部分,利于诊断和治疗。虽然监护设备非常有用,但一定要认识到它具有局限性,如侵入式监护可能引起重症动物的不良反应。

急诊患病动物初步处理的重点是分类检查和基本病史调查,涉及患病动物特征和主诉患病情况。兽医诊疗中,需要立即救护的紧急疾病主要包括创伤、接触毒素、尿道阻塞、癫痫、出血、热衰竭、休克、贫血和分娩急症等。

分类检查完后应做初步评估,旨在快速识别可致命的因素。身体重要系统评估包括呼吸系统(如气道与呼吸)、心血管系统(如循环)和神经系统(如功能障碍)的评估。

(一)呼吸系统

对呼吸系统的评估,首先采用视诊,然后进行临床评估。呼吸系统的视诊用于确定患病动物气道是否通畅并且可以充分通气。正常呼吸周期中,呼吸主要通过膈肌的收缩和舒张完成。呼吸窘迫动物的临床症状有呼吸加快、呼吸急促、发绀、端坐呼吸、张口呼吸、烦躁或无法躺卧。

姿势是呼吸系统的视诊内容之一。呼吸窘迫动物可能会出现端坐呼吸,最常见的现象是头颈部伸展和肘关节外展。头部的抬高和颈部的伸展使气管伸直,同时肘部的外展可减轻对胸壁的挤压。端坐呼吸这一临床症状通常预示着严重的呼吸疲劳和随时可能出现呼吸骤停或呼吸衰竭。

可根据呼吸模式确定呼吸系统疾病起源的解剖位置。呼吸窘迫动物通常表现出 5 种呼吸模式。

(1)呼吸频率加快(如呼吸急促)。

(2)胸膜腔疾病的呼吸特征是呼吸浅而快。

(3)上呼吸道阻塞的特点是吸气伴有喘鸣音或鼾音。

(4)下呼吸道疾病的典型特征是气促伴有呼气延长和呼气用力。

(5)肺实质疾病的特点是吸气和呼气均费力。

(二)心血管系统

心血管系统评估也是从患病动物的临床评估开始的,然后及时进行全方位评估。对患病动物的评估内容应包括心率和节律、脉搏质量、黏膜颜色和毛细血管再充盈时间。急诊患病动物的辅助监测包括心电图(ECG)和血压监测。

心电图用于监测心律失常、心动过缓或心动过速。表 10-1 列出了快速心律失常和慢性心律失常的病例。恶性心律失常的整体预后取决于可能的病因或疾病以及对患病动物的治疗程度。一般来说,如果在心电图上检测到以下参数应立即进行干预:

(1)犬:心率(HR)低于 50 次/min 或高于 180 次/min。

(2)猫:心率低于 120 次/min 或高于 240 次/min。

(3)严重的室性早搏表现为 R-on-T 现象(更易患严重室性心律失常,如心室纤颤)。

(4)室性心动过速,心率大于 180 次/min。

(5)脉搏短绌。

(6)低血压。

(7)灌注不足的临床症状(如毛细血管再充盈时间延长、精神沉郁)。

表 10-1　心律失常类型

类型	病例
快速心律失常	房性心动过速
	房室结折返性心动过速
	室性心动过速
	心室颤动
	心房颤动
慢性心律失常	病态窦房结综合征
	重度、二度房室传导阻滞
	三度房室传导阻滞
	心房停顿
	心脏停搏

评估心律失常时,必须通过考虑以下问题来决定是否需要治疗:

(1)该心律失常是否伴有明显的血流动力学变化?

(2)该心律失常是否会引起进一步的发病和死亡?

(3)能否确定心律失常的潜在病因?

(4)开始治疗会有哪些风险?治疗的效益超过风险吗?

(三)血压监测

患病动物的血压监测是诊断低血压或高血压的重要手段。血压监测的方法包括有创动脉血压监测和无创血压监测。

1.有创动脉血压监测

有创动脉血压监测是公认的测量血压的黄金标准,临床医师能根据它评估血压变化的趋势。该检查需要放置动脉留置针,通常放置在足背动脉。其他放置动脉留置针的部位有股动脉和耳动脉。放置的动脉留置针也可用于病危动物的快速采血和动脉血气分析。

2.无创血压监测

无创血压监测的测量原理是给袖带充气加压,使动脉完全闭塞,然后袖带逐渐放气,压力逐渐下降,当动脉内压力刚刚超过袖带所施加的压力时,血流便冲开闭塞的动脉,能冲开袖带所施加的最高压力定为收缩压,能冲开袖带所施加的最低压力定为舒张压。一般用多普勒血压计或示波法血压计进行测量。

对于低血压、心律失常或心动过速的患病动物,优先考虑使用多普勒血压计测血压。

示波法血压计使用微处理器测量袖带内的振荡。动物用示波法血压计有 Dinamap(间接无创自动平均动脉压装置)和 Cardell 等品牌。测量血压时袖带放置的常见位置包括肘部下方、跗关节上方和下方或尾巴基部。

(四)神经系统

患病动物常见的神经系统/功能障碍检查包括以下方面。

(1)精神状态:

①警觉;

②迟钝(呆滞,但是可以被无害性刺激唤醒);

③昏沉(半清醒状态/昏睡,能被伤害性刺激唤醒);

④昏沉(无意识,不能被有害刺激唤醒);

⑤脑死亡(大脑皮层无电活动,脑干无反射)。

(2)瞳孔:大小、对称性、对光反应。

(3)眼球震颤方向。

(4)面部对称性。

(5)姿势。

(6)肢体痛觉感受、意识本体感受、退避反射。

(五)体温

监测患病动物体温是一种无须昂贵的设备就能得到有价值的信息的监测方式,最常见的是测直肠温度或将温度计探头放置于腋窝测温。

对于临床医师而言,在测得直肠温度升高时,应重点区分过热和真性发热。当体温过高时,如犬体温超过 40～40.5 ℃,猫体温超过 41.1 ℃,应采取快速降温手段。

让空气对流是最有效的降温方式之一。可以用凉水(非冰水)润湿患病动物并使用风扇散热。不要使用冰水,因为这可能会导致外周血管收缩而延缓散热。为防止出现反弹性低温,当体温达到 39.4 ℃时应停止降温。

轻度低体温的体温范围在 35.6～36.7°,中度低体温为 34.4～35.6 ℃,严重低体温为 32.2～34.4 ℃。在体温低于 32.2 ℃时必须尽快处理,因为这会危及生命。严重低温会导致心脏异常跳动、血管舒张和血流量减少。可用装满温水的手套或瓶子,或带有循环温水的毯子供热。为防止出现反弹性高温,当体温达到 37.2～37.8 ℃时,应停用升温措施。

(六)体重

住院患病动物每天至少应称量一次体重(最好用同一体重计),并使用公制单位记录体重。氮质血症、少尿或无尿患病动物每天应称重 3～6 次。这种简单的监测手段能够根据体重增减评估水合状态变化。当水合状态正常时,若体重急剧增加,应考虑是否有过度的液体蓄积情况(如水肿);相反,急性体重减轻可考虑存在持续的液体损失或脱水。如 30 kg 的犬脱水程度达 10%时需要补液 3 L,因为 1 L 水等于 1 kg 水,患病动物将通过合理的液体复苏获得约 3 kg 水。体重变化 0.1 kg,即意味着获得或丢失 100 mL 的液体。

（七）排尿量

排尿量监测在病危动物或尿道梗阻的动物中无法得到充分利用。排尿量和体重一样，都可用于评估水合状态。正常排尿量范围为 $1\sim2$ mL/（kg·h）。在水合状态和灌注状态正常的情况下，排尿量小于 0.5 mL/（kg·h）为少尿，完全没有排尿称为无尿。

放置导尿管和封闭式尿液收集系统也存在风险。上行性尿路细菌感染、镇静风险和尿道损伤虽然罕见，但也可能发生。放置导尿管时应严格遵守无菌操作原则，临床允许的情况下应尽快移除导尿管，以预防继发性感染。

除了尿液体积的测量外，尿比重（USG）也可以指示水合状态。应尽量在输液治疗前评估尿比重，这有助于完整评估肾脏功能。在患病动物开始输液时，就可以评估其尿比重，因为体液持续性缺失的患病动物会出现尿液浓缩的情况，形成高渗尿（猫的尿比重大于 1.040，犬的尿比重大于 1.025）。理想情况下，水合状态正常的输液患病动物的尿液应为等渗尿（尿比重为 $1.015\sim1.018$）。

液体的摄入量和排出量、排尿量、尿比重都应进行检测，以便于评估患病动物的临床情况。

（八）基础监测指标

急诊中应监测的基础指标有血细胞比容、总干物质、血尿素氮、血糖等。根据动物医院条件和患病动物的稳定性，可进一步监测的指标包括电解质、肌酐、乳酸盐、静脉血气、脉搏血氧饱和度、心电图和血压。输液患病动物应每天监测基础指标（如血细胞比容、总固体量、血尿素氮）和电解质（Na^+、K^+）。

（九）乳酸

手持式乳酸仪是廉价的床旁检测工具，可用于急诊室或重症监护室。急诊动物和病危动物常发生高乳酸血症，这可能继发于灌注不良后的乳酸性酸中毒。高乳酸血症可由灌注不足、肝衰竭、败血症、含乳酸盐输液治疗、毒素和药物治疗引起。高乳酸血症是指血浆乳酸水平高于正常值，通常大于 2.5 mmol/L。

（十）凝血系统

凝血疾病常见于急诊患病动物。凝血系统的评估包括活化凝血时间、凝血酶原时间、活化部分凝血活酶时间、血小板计数和 D-二聚体检测。红细胞形态评估属于全血细胞计数和血液涂片的内容，它可揭示红细胞碎片、裂红细胞、红细胞大小不等和多染色性的存在。

（十一）中心静脉压

中心静脉压也称为右心房压，表示胸腔静脉血压。中心静脉压体现了回心血量和心脏泵血能力（即前负荷）。中央静脉导管最常放置的部位是颈外静脉。

中心静脉压监测是重要而简单的诊断监测手段，可用于指导和监测输液治疗，它对有潜在的血容量过载、氮质血症、无尿的心脏病动物特别有益。中心静脉压的正常范围为 $0\sim5$ cmH$_2$O（1 cmH$_2$O＝98.066 5 Pa）。中心静脉压明显升高（如大于 15 cm H$_2$O）提示为心脏压塞、右心力衰竭或导管放置异常。

（十二）二氧化碳描记术

二氧化碳描记术是通过检测呼出气体中的呼气末二氧化碳（ETCO$_2$）浓度，估计肺泡内的二氧化碳浓度。二氧化碳监测仪利用被测气体对特定波长的红外光的吸收量来确定二氧化碳的量。二氧化碳易通过毛细血管扩散并快速与肺泡气体保持平衡,因此 ETCO$_2$ 与动脉血二氧化碳及通气密切相关。

(十三)胶体渗透压

胶体渗透压又称胶体膨胀压,可用于指导液体治疗。胶体渗透压是由血管内不能自由穿过毛细血管的血浆蛋白产生的力。正常胶体渗透压通常为 $18 \sim 25$ mmHg(1 mmHg $=133.322\ 4$ Pa)。胶体渗透压计可用于测量胶体渗透压。当测量时,患病动物的血浆因为受到压力而穿过渗透压计上的膜,蛋白分子在采样室中产生压力,被压力传感器检测到并转换为电能,以毫米汞柱为单位进行显示。低胶体渗透压与低膨胀压(如蛋白丢失性肾病和肠病、败血症、肝衰竭)一致,此时需要补充合成胶体液(如羟乙基淀粉)或白蛋白。

急症动物或病危动物的治疗需要尽早发现致命的问题,然后对患病动物进行全方位评估和监测。在记录到危及生命的变化时,临床医师应准备干预治疗,以防患病动物陷入危险。对患病动物进行连续的检查、评估以及适当的辅助检测是改善急诊患病动物治疗效果的最佳方式。

二、中毒小动物的急诊处理与治疗

宠物意外中毒的发生频率越来越高,一方面是由于宠物无论是在家中,还是在院子、花园里,均有可能接触到毒物;另一方面,与处方药和非处方药的流通相关。因此,急诊医师需要处理的动物中毒病例也越来越多。对急性中毒动物的处理包括电话分诊、与动物主人适当沟通并收集病史,以及对动物进行全面的体格检查、稳定患病动物病情、清除毒物和采取有效的治疗方法等步骤。

在处理中毒病例时,理解毒物的毒性作用机制、药代动力学原理(即吸收、分布、代谢和排泄)和摄入量是否达到中毒剂量很重要。与动物毒物控制部门商讨病情也很有必要,尤其是在医生并未确定潜在毒物,或药物的安全范围非常小(如巴氯芬、大环内酯类抗生素、钙通道阻滞剂、维生素 D$_3$),或者毒物为未知的人医处方药(如卡泊三醇、5-氟尿嘧啶)时。

(一)病史询问

应询问中毒动物的毒物接触史,以确定致毒物的有效成分,判断毒物及毒物摄入剂量是否会引起中毒,在摄入毒物或中毒时家中是否有可使用的解毒剂,或者动物在家是否表现出临床症状。一旦动物被送入医院,兽医应对其进行正确分诊,解毒时间分秒必争,因此不能让中毒动物在候诊区浪费时间。另外,兽医应关注中毒动物的气道、呼吸、血液循环和机体功能障碍。

初步分诊后,应遵循以下步骤:

(1)核实致毒物名称的拼写,确认致毒物的有效成分。

(2)根据处方药标签判断药物为缓释制剂、延释制剂还是长效制剂。若无法确定制剂类型,建议宠物主人向药房咨询(包括配药量、有效成分和药效)。

(3)询问宠物主人是否已尝试诱导呕吐,如果有,问清楚使用了何种催吐剂。

(4)应根据分诊和体格检查结果(如体温、心率、脉搏数、脉搏强度)确定稳定病情的方案。

病史询问中的其他重要问题在表 10-2 中列出。

表 10-2　病史询问

应向宠物主人询问的问题	对宠物主人的建议	分诊
摄入的毒物是什么 您是否知道有效成分	使宠物远离毒物,以避免摄入更多的毒物	气道
您在家中发现宠物中毒时,是否已采取一定措施(如给予过氧化氢)	请勿使用网络流传方法(如给予牛奶、花生酱、油、动物油脂)	呼吸
宠物摄入多少药片 您的宠物可能接触药物的最大量和最小量	请勿在未与兽医或动物毒物控制部门联络过的情况下自行帮助宠物催吐	循环血液
这种毒物是延释制剂还是缓释制剂? 准确的商标名称是什么(如 Claritin,以确定毒物名称 Claritin-D)	向兽医提供药瓶、投饵箱或投毒容器,以确定毒物名称	功能障碍
您的宠物是在何时摄入毒物的	询问药房所开处方药的总量,以计算摄入多少药物	—
您的宠物表现出什么临床症状	若发现中毒则立刻就医	—

(二)清除毒物

完成病史询问、分诊、体格检查后,在情况允许的条件下应对患病动物进行毒物清除操作。清除毒物的目的是阻止或尽可能减少毒物的吸收,并促进机体内毒物的排泄或消除。对于大部分毒物而言,清除作用仅在短时间内有效,因此,掌握完整的中毒史和毒物接触时间对于判断解毒是否有效是很重要的。清除途径大致包括经眼部、经皮肤、经吸入、经注射、经胃肠道、强制利尿和手术清除,以阻止毒物吸收或加速毒物的消除。

胃肠道解毒是为动物解毒的常规方式之一,但在治疗前,兽医需判断动物的身体状况是否适合胃肠道解毒(如催吐、洗胃)。洗胃的适应证如下:

(1)大量摄入可引起异物阻塞的物质(如骨粉、血粉、猫砂);

(2)大量摄入可导致药物性胃石症的物质(如含铁胶囊、阿司匹林、大量维生素、大块木糖醇口香糖);

(3)用药剂量接近动物半数致死量(LD50);

(4)安全范围小或会引起严重临床症状的药物(如钙离子通道阻滞剂、β受体阻滞剂、维生素 D3、有机磷酸盐、巴氯芬、大环内酯、副醛)。

催吐的适应证与禁忌证如表 10-3 所示。

表 10-3　催吐适应证与禁忌证

何时应进行催吐	何时不应进行催吐
摄入毒物时间短(<1 h)且无临床症状	摄入腐蚀性毒物(如可分解石灰石的产品、漂白剂、电池、烤箱清洁剂)
不知患病动物摄入毒物时间,但无临床症状	摄入碳氢化合物(如 tikki-torch oil、汽油、煤油)

续表

何时应进行催吐	何时不应进行催吐
进入胃部较长时间并正在消化的物质（如葡萄、葡萄干、巧克力、木糖醇口香糖）	患病动物出现临床症状（如震颤、激动、高热、低血糖、虚弱、昏迷） 患病动物可能患有引发吸入性肺炎的潜在疾病（如巨食道症、吸入性肺炎病史、喉麻痹）

无论是在家中还是在医院解毒，必须使用合适的解毒剂。目前并没有可在家中给猫使用的安全有效的解毒剂。猫最好由兽医使用 α2 受体激动剂（如赛拉嗪、右美托咪定）进行解毒，不建议宠物主人私自使用过氧化氢，因其易引起严重的出血性食管炎和胃炎。在家中，过氧化氢适用于犬的催吐解毒，但不建议使用食盐、芥末、洗洁精和吐根糖浆。临床上，过氧化氢和阿扑吗啡均为常用的犬用催吐剂，二者功效相似。表 10-4 归纳了催吐剂的用法。

表 10-4 催吐剂、用药剂量以及适用动物

催吐剂	作用部位	剂量	适用动物
3%过氧化氢	局部胃刺激	1～5 mL/kg 口服不超过 2 次；犬最大用量为 50 mL	犬
阿扑吗啡	延髓呕吐中枢（CRTZ）	0.03 mg/kg 静脉注射；0.04 mg/kg 肌内注射	犬
赛拉嗪	中枢神经系统	0.44 mg/kg 肌内注射（催吐后使用育亨宾逆转）	猫

尽管洗胃在兽医上不常用，但也是净化胃肠道的方法。洗胃在某些毒物中毒或患病动物已表现出一定症状时显得非常必要，其目的是在催吐无效或不适用时，清除胃内容物。人类研究表明，在摄入毒物后 15～20 min 内洗胃，治愈率最高。若在摄入毒物 60 min 后洗胃，康复率则仅有 8.6%～13%。由于大部分的动物往往在中毒 1 h 后才得以就医，因此洗胃的临床功效饱受争议。

然而相较于单纯的催吐，洗胃能更有效地移除胃内容物，但在兽医领域，由于缺少实验室数据支持，因此不常使用。其主要操作包括放置静脉留置针、镇静、气管插管（ETT）、活性炭使用、预防经呼吸道吸入技术实施（如头部垫高、止吐）和拔管。

尽管实验室数据不多，但当患病动物出现或倾向于出现吸入性肺炎症状（如精神萎靡、神志不清、震颤、休克），或处于需迅速控制病情的情况（如有机磷、四聚乙醛中毒）时，应立刻洗胃。当毒物或摄入物质（如骨粉、含铁药片、大量的巧克力、震颤真菌毒素）可能会形成胃石或异物，摄入毒物量接近 LD50（如钙离子通道阻滞剂、β 受体阻滞剂、有机磷），或者毒物安全范围很小时，也可采取洗胃的方法进行治疗。

洗胃常见的并发症有：吸入性肺炎，镇静风险，继发于吸入性肺炎的低氧血症，镇静引起的肺通气不足，口、咽、食道、胃的机械性损伤。

洗胃的禁忌证包括：

(1)腐蚀剂，放置口胃管时可能出现食道或胃穿孔。

(2)碳氢化合物，因低黏度而易被吸入肺实质中。

(3)尖锐物质（如绣花针）。

许多兽医不太习惯进行洗胃操作，但在一个团队的共同合作下，洗胃会很容易。

（三）活性炭（AC）

使用活性炭搭配泻药清除毒物是解毒的第二步，但其使用具有局限性。活性炭只能用于情况稳定的患病动物。当毒物无法被活性炭有效吸附（如重金属、木糖醇、乙二醇、乙醇），或病情禁用活性炭（如盐中毒、摄入腐蚀物和碳氢化合物）时，则不可使用活性炭。临床上有吸入性肺炎高发倾向（如呕吐反射减少）的动物也不应经口喂服活性炭。另外，活性炭搭配泻药应慎用于脱水患病动物，因其具有导致胃肠道自由水缺失而继发高钠血症（但罕见）的潜在风险。

在中毒后尽快服用活性炭效果最佳。但在兽医上，考虑驱车前往医院的时间、摄入后无效的时间、病情分诊的时间以及给药时间（如注射器喂服、口胃管喂服），几乎无法做到立即用药。由此可见，给予活性炭的时间往往会被耽搁至少1 h。由于摄入毒物的时间常无法确定（如宠物主人下班回家后发现宠物已中毒），毒物清除（包括催吐和活性炭吸附）仅仅为患病动物未表现出明显临床症状时的理想选择。在使用其他药物解毒时，应尽可能确保益处大于风险，最大限度地避免并发症的发生。对于某些特定的中毒类型，即使在6 h以后使用活性炭搭配泻药也是很有效的，尤其是缓释毒物（如缓释制剂和延释制剂）或需经肝肠循环的毒物（在下文讨论）。

尽管在人医中已不再使用活性炭治疗中毒，但活性炭在兽医中仍广泛使用，因为它通常是充分清除患病动物体内毒物的最后一种手段。与人医相比，宠物主人的治疗预算会限制兽医对动物的治疗方式，由于解毒剂（如甲吡唑、氯解磷定、地高辛特异性抗体片段）、血浆除去法、血液透析、机械通气等费用较高，宠物医师仍会将毒物清除作为治疗中毒的第一方案。目前活性炭给药剂量建议为单次1～5 g/kg，配合使用泻药（如山梨醇）以缩短活性炭在胃肠中的停留时间。活性炭吸附的禁忌证如下：

（1）中枢神经系统抑制（意识水平下降）；

（2）中毒时间过长，使用活性炭已无法起效（如临床症状显示为后期）；

（3）摄入腐蚀性物质；

（4）脱水或低血容量；

（5）胃肠道堵塞或穿孔；

（6）即将实施内窥镜术或外科手术；

（7）高钠血症；

（8）咽反射减弱，患有呼吸道疾病（吸入性肺炎的患病率上升）；

（9）毒物无法被吸附，包括乙二醇、木糖醇和重金属；

（10）摄入碳氢化合物；

（11）摄入盐（彩弹、自制橡皮泥、海水、精盐）；

（12）肠梗阻/胃肠道停滞；

（13）机体处于高渗状态（如肾功能障碍、糖尿病、心理性烦渴、尿崩症）；

（14）患有可能会继发吸入性肺炎的疾病（如喉麻痹、巨食道症、上呼吸道疾病）。

（四）多剂量给予活性炭

人医研究表明，活性炭多剂量给药可以明显缩短一些药物的血浆半衰期，如抗抑郁药、茶碱、洋地黄毒苷和苯巴比妥。尽管缺乏兽医方面的研究，但若是患病动物的水合状态正常并且监护到位的话，多剂量给予活性炭可能有很多额外的益处。在毒物经肝肠循环代谢或毒物经体循环后沿浓度梯度重新回到胃肠道中或摄入缓释、延释或长效制剂的情况下,应多剂量给予活性炭。需要注意的是,在多剂量给予活性炭时,额外的剂量不应含有泻药(如山梨醇),因为过多的泻药会增加脱水或继发严重高钠血症的风险。通常在 24 h 内,每 4～6 h 经口喂服一次活性炭,单次剂量 1～2 g/kg,无须添加泻药。

（五）诊断

对中毒动物进行的诊断性检查包括全血细胞计数、生化检查、静脉血气分析、电解质分析、尿检、凝血酶原时间测定、活化部分凝血活酶时间测定、血细胞比容测定、总干物质测定和血糖含量测定。其他检查还包括影像学检查和毒物检测(如乙二醇检测)。由于存在污染风险,在采取治疗之前应先检测血液样本,如静脉注射安定或口服活性炭就可能分别因为丙二醇和山梨醇的影响而使得乙二醇检测结果呈假阳性。在静脉穿刺部位使用异丙醇也可能造成乙二醇检测结果呈假阳性。应学会正确结合临床病理学测试进行诊断。

（六）治疗

对于中毒动物来说,仅有少数毒物有特定的解毒剂(如甲吡唑、2-PAM、维生素 K_1)。因此,对症治疗和支持疗法很有必要,是毒物清除(包括催吐、洗胃、活性炭吸附)后最主要的治疗方法。中毒动物的治疗方法可分为七大类:输液疗法、肠胃治疗、中枢神经系统治疗、镇静剂/逆转剂、保肝药、其他治疗、解毒剂。

1. 输液疗法

输液疗法是紧急处理中毒动物的基础疗法之一,它对中毒动物的作用如下所示:

（1）维持细胞水平的灌注;

（2）纠正或预防脱水;

（3）加强利尿以促进肾排泄毒物,帮助排毒;

（4）扩张肾血管[尤其针对肾毒性物质,如非甾体抗炎药(NSAIDs)、百合花类、葡萄、葡萄干];

（5）纠正电解质紊乱;

（6）治疗低血压[尤其是摄入 β 受体阻滞剂、钙离子通道阻滞剂、血管紧张素转换酶(ACE)抑制剂这类可能会引起心排血量持续下降的药物];

（7）治疗继发于使用凝胶合成物(如羟乙基淀粉)而引起蛋白损失,进而导致的低蛋白血症(如长效的抗凝血药)。

必要时应输血治疗(如 NSAIDs 引起的胃肠道血液流失或长效抗凝血药引起的凝血紊乱所导致的贫血)。

通常可以使用等张晶体平衡液(如乳酸林格氏液、Normosol-R)进行维持性输液。对于身体状况良好的患病动物,输液速度在 4～8 mL/(kg·h)即可促进肾脏清除毒物。新生动物的输液速度更高[80～100 mL/(kg·d)]且需要做出相应调整。患有心脏病、呼吸系统疾病或摄入加大肺水肿风险的毒物[如三环类抗抑郁药(TCA)、磷化物灭鼠药]的动物需要根据个体情况调整输液速度。

兽医师通过评估体重增减程度、血液稀释程度(HCT/TS)、氮质血症(肾前性氮质血症的迹象)或尿比重,来评估患病动物输液时的水合状态。若住院动物在输液期间出现高渗尿(猫的尿比重大于 1.040;犬的尿比重大于 1.025),则说明存在持续脱水,这时应进行积极的输液治疗。

血浆胶体渗透压较低(参考范围为 18～20 mmHg)的患病动物应考虑使用人工胶体液(如羟乙基淀粉)输液。胶体是长期留在血管内的大分子物质(即胶体难以穿过血管膜)。通常,加入胶体治疗[如推注 5 mL/kg 羟乙基淀粉后,进行 1 mL/(kg·h)恒速输注]更有利于治疗患有低蛋白血症(TS<6 g/dL)或持续低血压的患病动物。

2. 肠胃治疗

止吐剂、抗酸剂、抗消化性溃疡药和酸碱平衡调节药常用于治疗中毒动物。止吐剂在催吐后使用,阿扑吗啡和过氧化氢的催吐效果均能持续 27～42 min。及时使用止吐剂可以让动物更舒适,降低催吐剂的不良影响,并可预防进行活性炭治疗时可能出现的呕吐。当动物摄入的毒物(如磷化锌灭鼠药、药物性胃石)会引起明显的胃肠道症状(如胃刺激、反胃、胃胀气、呕吐)时,也可使用止吐剂。当动物摄入的毒物(如兽用 NSAIDs、人用 NSAIDs、腐蚀性毒物)会引起胃溃疡时,需要服用抗酸剂、抗消化性溃疡药和酸碱平衡调节药。

3. 中枢神经系统治疗

部分中毒的动物可能会在临床上表现出兴奋(如躁动、颤抖、癫痫)或萎靡(如镇静过度、昏迷、嗜睡)。一些处方药,如治疗注意力缺失症(ADD)/注意力缺陷多动症(ADHD)的药物(如安非他命)、选择性 5-羟色胺再吸收抑制剂(SSRI)类抗抑郁药物以及辅助睡眠的药物,均可能使患病动物兴奋或萎靡。某些肌松药(如巴氯芬)、止痛药和镇静剂(如阿片类药物)可导致深度镇静。抗惊厥药应用于癫痫发作,而肌松剂(如美索巴莫)应在毒物中毒引起颤抖(如猫除虫菊酯中毒、SSRI 中毒、安非他命中毒、堆肥中毒)时使用。

4. 镇静剂/逆转剂

当患病动物表现出焦虑不安、心跳过速或高血压时,应使用抗焦虑药。这些症状与血清素综合征的临床表现一致,可见于 SSRI 类抗抑郁药或治疗 ADD/ADHD 的药物摄入的病例中。这类情况可使用吩噻嗪类药物(如乙酰丙嗪、氯丙嗪)治疗。同样地,动物摄入助眠药物(如唑吡坦),中枢神经系统异常兴奋时,可使用吩噻嗪类药物,但禁止使用苯二氮卓类镇静剂。氟马西尼可作为苯二氮卓类或非苯二氮卓类药物镇静过度(如呼吸抑制)的逆转剂。阿片受体拮抗药纳洛酮可用于治疗阿片类药物或巴氯芬中毒并陷入昏迷的患病动物。

5. 保肝药

S-腺苷蛋氨酸(SAMe)及 N-乙酰半胱氨酸(NAC)类保肝药常用于解除对乙酰氨基酚、木糖醇、蓝绿藻、西米棕榈(苏铁属植物)、非甾体抗炎药和鹅膏毒蕈之类的肝脏毒物。SAMe 不仅是谷胱甘肽的前体物质,而且可作为甲基供体以及硫化物的生成原料,在解毒的结合反应中发挥着重要作用。NAC 通过合成可与乙酰氨基酚代谢物结合的替代性底物,从而作为对乙酰氨基酚类药物(如泰诺)的解毒剂,NAC 还可作为还原性谷胱甘肽的前体。

6. 其他治疗

其他治疗方法包括使用 β 受体阻滞剂(针对 SSRI 或安非他命引起的严重的心动过速、巧克力中毒等)、静脉注射用脂肪乳剂(用于溶解钙离子通道阻滞剂、大环内酯、维生素 D_3、巴氯芬类脂溶性毒物)以及维生素 K_1(针对长效抗凝剂中毒)治疗。

7. 解毒剂

针对某些毒物可以使用特效解毒剂(如甲吡唑、2-PAM、纳洛酮)治疗。但大多数毒物并没有现成的解药。

（七）中毒动物的监护

中毒动物的监护包括动态心电图（DCG）、血压（BP）、中心静脉压（CVP）、尿量（UOP）血氧饱和度、呼气末二氧化碳（$ETCO_2$）的监测和静脉血气（VBG）分析或动脉血气（ABG）分析。

临床医师应意识到中毒动物的病史、中毒类型、毒物清除和紧急处理的重要性。应基于毒性作用的根本机制、药代动力学和毒物中毒剂量的相关知识，选择合适的解毒方法和治疗方案。治疗过程中应密切关注中毒动物的心肺系统、中枢神经系统及胃肠道情况。

三、犬、猫机械通气基础

在兽医领域，也可使用呼吸机治疗动物的呼吸衰竭。呼吸机主要适用于顽固性低氧血症和呼吸衰竭的常规治疗，同时可用于治疗重症脓毒症、败血性休克和呼吸肌疲劳。与麻醉呼吸机相比，重症监护呼吸机可以改变吸入浓度并湿润空气。因此，患病动物可以长时间使用重症监护呼吸机维持生命。在正压通气呼吸机出现后，重症监护医师也随之出现，他们是监护重症动物的医师。兽医上，长期的机械通气治疗一般由重症监护人员执行。若患病动物表现出严重的呼吸衰竭，主治医师应准确、迅速地给予治疗。首先要保证呼吸道通畅，紧接着快速镇静，并使用急救袋连接氧气进行人工输氧。麻醉呼吸机可在短时间内使用（最多 8 h），若使用麻醉呼吸机进行 100% 吸入氧浓度输氧，可能会导致氧中毒，因此若需要长期输氧，重症监护呼吸机更合适，通过输氧，发生重度呼吸衰竭的动物也有可能存活下来。

（一）机械通气的适应证

机械通气一般用于治疗气体交换不足且有很高死亡风险的动物。其主要适应证有以下 4 种：

（1）输氧后仍存在严重低氧血症（$PaO_2 < 60$ mmHg）；

（2）严重的肺通气不足（$PCO_2 < 60$ mmHg）；

（3）呼吸用力过度；

（4）严重的循环性休克。

1. 输氧后仍存在严重低氧血症

通过测量动脉血氧分压（PaO_2）评估肺通气。根据患病动物的氧合状态，低氧血症通常是指 PaO_2 低于 80 mmHg（海平面上），当低于 60 mmHg 时，病情严重。重度的低氧血症也称作低氧性呼吸衰竭。医师应根据血氧不足的潜在致病机制和患病动物对输氧治疗的反应，决定是否采用机械通气。当没有动脉血气样本时，可用脉搏血氧评估氧合状态。脉搏血氧检测是温和、无创的，但准确性不高。95% 脉搏血氧相当于 80 mmHg 的 PaO_2，90% 脉搏血氧相当于 60 mmHg 的 PaO_2（指向重度低氧血症）。当动物接受输氧治疗后仍表现出严重的低氧血症时，换句话说，若输氧治疗后，PaO_2 仍低于 60 mmHg 或 SpO_2 仍低于 90%，则应考虑机械通气。

血氧不足的机制通常包括：

（1）吸氧浓度低；

（2）肺通气不足；

（3）静脉血掺杂（即功能性分流）。

吸氧浓度不足少见于急诊病例中,而较常发生于患病动物连接呼吸回路后,供氧断开或氧气筒中无氧气。高海拔也是引起低氧血症的原因之一,这种情况只需输氧便可解决。

2. 严重的肺通气不足

肺通气不足常伴有高碳酸血症($PCO_2>50$ mmHg)。血流动力学稳定的患病动物体内动静脉二氧化碳分压差稳定,$PvCO_2$ 比 $PaCO_2$ 大约高 4 mmHg,在大部分患病动物中,静脉血气均可以用来评估通气(但不是氧合)状态。对于血流动力学不稳定的患病动物而言,测量 $PaCO_2$ 也是理想的,因为血流缓慢时,二氧化碳会在静脉血中积累,这就代表着无法通气。PCO_2 大于 50 mmHg 为肺通气不足,高于 60 mmHg 为重度通气不足(如高碳酸血症型呼吸衰竭)。无法通过治疗原发性疾病(如镇静剂的逆转剂)来治疗重度通气不足时,需进行正压通气治疗。通气不足的极端表现为窒息,必须介入人工换气或正压通气。由于 PCO_2 的升高可能与颅内压的升高相关,因此有颅高压风险(如头部创伤)的动物可能需要正压通气,以维持 $PaCO_2$ 在 $35\sim45$ mmHg。

PCO_2 主要受每分钟肺泡通气量控制,即呼吸频率与有效(肺泡)潮气量的乘积。因此,能够导致患病动物无法维持正常呼吸频率与/或潮气量的疾病,均可能诱发严重通气不足。这样的疾病包括脑病、颈部脊髓疾病、外周神经疾病、肌肉神经接点疾病以及肌病。肺通气不足的患病动物在呼吸室内空气时,会因为肺泡氧分压的降低而患上低氧血症。PCO_2 越高,肺泡氧分压越低,低氧血症就越严重。氧气治疗可提高肺泡氧分压,而低氧血症应迅速处理(尽管 PCO_2 不会改变)。因此,在发现肺通气不足时,应立刻给氧。通气不足会危及生命,因为其与呼吸频率、潮气量不足有关,这很容易导致呼吸暂停和死亡,当通气不足或潜在疾病呈渐进性发展时,应采取正压通气。

3. 呼吸用力过度

动物由于用力呼吸而力竭或出现力竭前兆(如端坐呼吸或呼吸时闭眼)时,可能需要正压通气以防猝死。动物可能还维持着正常的血气,但它们仍存在呼吸疲劳及停止的风险,且这些患病动物在时间上不容许进行血气分析,需要医师根据临床经验来做决定。急诊室的患病动物可能处于濒死状态,快速地介入治疗是稳定病情的唯一机会,因此这些决定至关重要。

由肺部疾病引起严重呼吸困难的患病动物,不仅呼吸频率上升,低氧血症和低碳酸血症($PCO_2<35$ mmHg)的患病风险也会增加。呼吸窘迫动物的 PCO_2 正常或升高都能提示呼吸肌疲劳,即使在氧气治疗足以治疗低氧血症的情况下,也需要进行正压通气治疗。再次强调,医师应根据对呼吸情况的临床评估和呼吸肌疲劳的临床表现来决定采取何种治疗方式。

4. 严重的循环性休克

循环性休克的临床表现有反应迟钝、黏膜苍白、心动过速或过缓、呼吸急促、脉搏微弱和四肢冰冷。血容量过低、心脏病及血管紧张度下降均会引起循环性休克。初步复苏后仍有严重循环性休克的患病动物需要正压通气治疗。对这些患病动物使用正压通气的目的是分担呼吸肌的工作,以减少耗氧量。无论是动物实验还是人医临床实验研究,均发现正压通气可以有效缓解休克,还可作为感染性休克的早期目标导向性治疗的一部分。正压通气的另一目的是在麻醉期间保持气道通畅。

5. 预后

机械通气对急诊患病动物非常重要。在很多情况下,正压通气应在做各项检查前实施,以稳定病情。对患病动物气道及呼吸、循环功能紊乱的稳定是很有必要的,一旦病情稳定,就可进行进一步检查并推断其预后。一些动物可能并不需要长时间的正压通气(低于几小时),而另一些需要长时间正压通气的患病动物,在控制病情、争取到进一步检查的时间后,预后会更良好。这也就是说,有些患病动物一旦进行正压通气治疗,就很难停止,而短时间(或长时间)的正压通气价格不菲。正压通气在急诊患病动物治疗上的另一作用是缓解动物的病痛并防止病情进一步恶化,为主人争取选择继续治疗或是安乐死的时间。

(二)通气模式概述

为更合理地监护正压通气治疗情况,理解通气模式和呼吸机设定是很有必要的。

1. 压力和容量控制

现代重症监护呼吸机可根据患病动物情况生成各种不同的呼吸模式。基础的呼吸机一般为容量控制呼吸机或压力控制呼吸机,这类呼吸机采用两种基本呼吸模式中的一种,即在吸气时间内输送预设潮气量的气体(容量控制,简写为 VC),或在吸气时维持预设的气道压(压力控制,简写为 PC)。在定容通气的呼吸模式下,气道峰值压(PIP)根据操作人员选择的预设潮气和呼吸系统顺应性产生。在定压通气的呼吸模式下,潮气量根据操作人员选择的预设气道压和呼吸系统顺应性产生。

2. 辅助-控制通气

在这个模式下,最低呼吸速率由操作者设定。若触发灵敏度的设置合理,患病动物的呼吸速率会增快,但无论是定容还是定压通气,所有呼吸均会变成完整的呼吸机呼吸。由呼吸机融发的呼吸为控制呼吸,而由患病动物触发的呼吸为辅助呼吸(即患病动物发起呼吸,呼吸机帮助推动完整的呼吸)。这个通气模式为呼吸系统提供最大的支持,适用于重症或无法自主呼吸的患病动物。

3. 同步间歇指令通气

在这个模式下,能设置强制呼吸次数。在设定的呼吸间,患病动物也可以自主呼吸,现代呼吸机尽可能将强制呼吸与患病动物自主呼吸同步,因此称作同步间歇指令通气(SIMV)。在强制呼吸之间,患病动物可照常呼吸或减少自主呼吸。操作者只能控制最小呼吸频率和最小分钟通气量,而无法控制最大呼吸频率和最大分钟通气量,这一模式将强制呼吸和自主呼吸相结合,因此常用于不需要呼吸机 100% 协助呼吸的患病动物,如神经系统异常而无法保证正常呼吸(如脑损伤)的动物,或患有肺部疾病并有好转,无须辅助-控制通气的患病动物。

4. 持续气道正压通气

持续气道正压通气(CPAP)是完全的自主呼吸模式,也就是说,呼吸频率和潮气量均由患病动物自身控制,呼吸机不帮助呼吸,操作者也只能控制气道基压线,既呼气末正压(PEEP)的一种形式。这种模式为患病动物的自主呼吸提供支持,只适用于有较轻微的肺功能障碍但呼吸强的患病动物。当患病动物呼吸不足或窒息时,呼吸机会预警,因此这对于脱机患病动物而言是种实用的监护模式,对监护气管插管患病动物也非常有效。

5. 压力支持通气

在压力支持通气(PSV)下,操作者可增加自主呼吸的潮气量。例如,一只患病动物的压力支持通气为 6 cmH_2O,那么呼吸机将在动物吸气过程中维持气道 6 cmH_2O 的压力,这将有效地为患病动物减少呼吸负担并产生更大的潮气量,压力支持通气常与持续气道正压通气结合使用,或在同步间歇指令通气中支持自主呼吸。

(三)呼吸机设置概述

不同呼吸机的可调参数有所不同,与简单的麻醉机相比,高级重症监护呼吸机有更多的选项来调节呼吸参数。必须知道的是,在不同的呼吸机之间不存在一致的固定术语,因此阅读呼吸机操作说明并完全掌握其设置方法是必要的。

1. 触发变量

这是触发呼吸机呼吸的参数。对于不呼吸的患病动物,触发变量为时间(由呼吸速率决定)。触发变量往往为气道压或呼吸回路中气流的改变。合理的触发敏感性是呼吸机呼吸与患病动物自主呼吸同步的安全保证,这可以让患病动物更舒适并增加其呼吸速率(RR)。触发变量若过于灵敏,就会使得病犬保定之类的非呼吸性原因也可能触发呼吸机,应该避免这种情况。

2. 呼吸频率和吸气与呼气时间比

所有的呼吸机均能直接设定呼吸频率,或通过改变其他变量(如每分通气量、吸气时间或呼气时间)来改变呼吸频率,患病动物的最佳呼吸频率应根据其舒适度和PCO_2来调整。初始呼吸频率一般设置为 $10\sim20$ 次/min。吸气与呼气时间比(即 I∶E)可由操作者预设,或为机器的默认设定。一般而言会使用 1∶2 的 I∶E 来确保患病动物在下一次呼吸前充分呼出气体,这和呼气时间大约为吸气时间两倍的正常生理呼吸比例相似。随着呼吸频率增快,呼气时间会相应减少。建议避免 I∶E 超过 1∶1,以防发生呼吸重叠或内源性呼气末正压的情况。

3. 吸气时间和流速

吸气时间通常设定为 1 s,但对于高呼吸频率的患病动物,吸气时间应更短。许多幼年患病动物更适应短的吸气时间。许多容量控制呼吸机通过设定流速来代替吸气时间。吸气流速越快,呼吸越快。60 L/min 的流速是一个较好的起始点。可根据患病动物的需求调节流速,一般在 $40\sim80$ L/min。

4. 潮气量

犬、猫潮气量的正常范围为 $10\sim15$ mL/kg。潮气量偏低($6\sim8$ mL/g)可能表示动物患有严重的肺病。在使用容量控制呼吸机时,应由操作者预设潮气量。因为肺脏的过度扩张十分危险,这是呼吸机相关性肺损伤的主要致病因素,并且可能导致严重甚至致命的后果。初始预设潮气量最好不要超过 10 mL/kg。在使用机器的过程中,若发现潮气量不足,可随时增加。在使用压力控制呼吸机时,操作者预设产生呼吸的压力,动物与呼吸机连接后,评估潮气量是否达到预想值,10 mL/kg 左右的潮气量就已足够。可通过观察患病动物的胸部运动是否正常来简单评估潮气量,但若有条件,可直接测量潮气量。

5. 呼气末正压

肺实质病变会造成肺泡通气不足(如肺泡缩小)和肺泡塌陷,这是肺充氧能力低下的原发病因。呼气末正压会在呼气时维持气道压,防止完全呼气的发生,使肺保持在半充气的状态。这可以帮助膨胀塌陷的肺泡提高肺充氧能力,并能预防呼吸机相关的肺脏损伤。由于肺部疾病的种类多种多样,增加呼气末正压恢复肺部病变区域的同时,也有一定风险导致健康肺的过度扩张或容积伤。总而言之,呼气末正压适用于治疗肺水肿、急性肺损伤或急性呼吸窘迫综合征。

此外,应考虑呼气末正压存在的潜在危险,诸如肺炎之类的无法康复的疾病,应谨慎使用。呼气末正压会增加气道峰压,可能会造成气压伤(如肺压力创伤)。呼气末正压在呼气时还会维持较高的胸膜腔内压,可能会不利于静脉回流(如低血压)。对于所有使用呼吸机的患病动物,均建议监控心血管情况,尤其是在呼气末正压较高、呼吸机设定较激进时,心血管检测非常必要。最后,应平衡利与弊,使呼气末正压设定最优化。

6. 气道吸气峰压

肺部正常的患病动物(如麻醉患病动物或呼吸衰竭的患病动物)只需要较低的吸气峰压,范围在 $8\sim15\ cmH_2O$,无须超过 $20\ cmH_2O$。患有肺部疾病的动物的肺脏往往处于僵硬状态,需要更高的气道压以达到相同的潮气量。动物患有严重的肺部疾病时,气道吸气峰压需达到 $30\ cm\ H_2O$。过高的气道压可能会导致肺损伤(如气压伤),因此要尽可能避免压力过高。在使用压力控制呼吸机时,偏好气道压由操作者设置。当动物与呼吸机连接后,可以评估达到此气道压的潮气量。而在容量控制呼吸机中,潮气量是设定好的,当正压通气开始时,需评估相应的气道压。初始气道压应在 $10\sim15\ cmH_2O$,肺功能不全时可提高气道压。

(四)初始设定的选择

我们无法准确预知不同患病动物的情况,因此呼吸机的初始设定应基于对潜在疾病病理过程的理解。患病动物与呼吸机连接后,应调整设定至目标血气值。未患肺病的动物的肺脏应是柔软而易于通气的,因此,其肺脏更能承受低气道压、高潮气量和低呼气末正压。患病动物刚与呼吸机连接时,使用 100% 的氧气浓度更安全(呼吸机的设定确定且患病动物病情稳定后便可降低)。

患有肺病而需进行正压通气的动物,其肺顺应性通常较差,相较于健康肺脏的动物需要更高的气道压力。呼气末正压可能会提高患病动物肺脏的补氧效率,对一些使用呼吸机的患病动物很重要。人医研究表明,限制潮气量约为 $6\ mL/kg$ 时,可提高急性肺损伤和急性呼吸窘迫综合征患病动物的存活率。小潮气量通气对其他肺病的影响暂时未知,但情况允许下限制潮气量可能会有益处。

1. PaO_2

调整呼吸机设定的目的是维持 PaO_2 在可接受范围内的条件下降低吸氧分数至 60% 以下。在无法分析动脉血气(ABG)的情况下,可通过脉搏血氧计测量血氧饱和度(SpO_2)来判断吸氧分数是否下降。设置呼气末正压可能会帮助增加病肺的补氧效率。当 PaO_2 不足以允许吸氧分数降低时,增加呼气末正压可能有利。

2. $PaCO_2$

$PaCO_2$ 与每分钟肺泡通气量(潮气量×呼吸频率)成反比。在调整初始设置时,若 $PaCO_2$ 比偏好值高,可增加潮气量和/或呼吸速率,反之,当 $PaCO_2$ 过低时,可减少潮气量和/或呼吸速率。在无法分析动脉血气的情况下,静脉 PCO_2 可用于指导调整呼吸机设置。应在最初用血气分析仪分析 PCO_2 与 $ETCO_2$ 的相关系数。得到二者的转换关系后,可参考 $ETCO_2$ 这一温和无害的测量数据,进一步调整呼吸机设定。若患病动物的情况发生显著变化,应直接测量 PCO_2,因浓度、持续的动脉压、间歇性及其与 $ETCO_2$ 之间的转换关系及准确性会迅速改变。

3. 呼吸机上患病动物情况的初步稳定

患病动物使用重症监护呼吸机前,操作者需清楚所使用的呼吸机是如何与进出气导管、加湿器、气道痰液抽吸泵进行连接的。由于组装呼吸机需一定的时间,不稳定的患病动物应在急诊室同时进行麻醉、插管和手动通气,直到呼吸机准备完成。将麻醉呼吸气囊或特制的人工肺置于 Y 形呼吸回路中,在患病动物直接连接呼吸机呼吸回路前可进行呼吸机初始设置。当设置确认合理且患病动物也已麻醉后,可将患病动物与呼吸机呼吸回路进行连接。在诱导麻醉之前或开始后马上进行重点监护。患病动物与呼吸机连接后,即可提供 100% 浓度的氧气。一旦情况稳定,需降低吸氧分数以防氧中毒。前 12 h 吸氧分数持续浓度低于 60% 最合适,尤其是对于严重的低氧血症型呼吸衰竭患病动物而言。保持最低限度但充足的给氧(PaO_2 为 60 mmHg,90% 及以上的 SpO_2)是关键,这也许能在一定程度上限制吸氧分数的下降。

4. 麻醉诱导与维持

想要成功地给神经功能完好的犬、猫进行机械通气,就必须对其进行麻醉。正压通气并不舒适,麻醉是为了保护气管插管(气管内管),防止患病动物移动,为患病动物提供舒适感并防止动物抵抗呼吸机。神经功能异常的患病动物不一定需要麻醉。瘫痪的动物可能仅需要麻醉以插入气管内管或气管造口术插管(可允许正压通气使用最小剂量,甚至无须麻醉剂和镇静剂)。昏迷患病动物无须给药即可置入气管内管。这类患病动物也无须麻醉即可进行机械通气。

对于使用呼吸机的患病动物,有多种方式诱导和维持麻醉。诱导麻醉应静脉注射一种快速起效的麻醉剂(如芬太尼或咪达唑仑),以保证气管内管可快速置入。所有的动物在诱导麻醉前都应预先给氧。选择诱导麻醉剂时应考虑患病动物的心血管状况,丙泊酚可缓慢给药至起效,是血流动力学稳定的患病动物的理想选择。急诊室中的患病动物经常出现血流动力学不稳定的状况,有时也并没有时间去评估其心血管系统状态,这时候更适合使用氯胺酮或依托咪酯。

使用重症监护呼吸机为患病动物通气时无法使用吸入麻醉剂,因此正压通气患病动物的维持麻醉通常结合使用多种注射用麻醉剂。但若暂时使用麻醉呼吸机,可以使用低浓度的吸入麻醉剂。吸入麻醉会加重低血压,影响肺换气,因此需要监护。正压通气患病动物麻醉方案的选择受其心血管系统稳定性、正压通气预期的持续时间及费用影响,恢复时间应纳入进一步考虑。在患病动物预备正压通气脱机时开始恢复是最理想的,这就要求在脱机前提前减少药物用量或改变麻醉用药。注射麻醉剂如丙泊酚和戊巴比妥能在恒速输注时提供一个适宜的麻醉水平,且往往是使用呼吸机的患病动物的基础用药。使用苯二氮卓类和/或阿片类麻醉剂复合麻醉是一个很好的选择,这可以降低其中任何一种药物的最小用量,减少不良反应。复合用药配方包括在丙泊酚或戊巴比妥的基础上使用芬太尼-利多卡因-氯胺酮或芬太尼-右美托咪定。应避免长时间使用丙泊酚麻醉犬,因其可造成脂血症而产生严重的不良反应。通过复合麻醉减少丙泊酚的用量可很好地预防脂血症。长时间(大于 48 h)用丙泊酚麻醉猫会使猫生成海因茨小体,因此若要长时间正压通气应考虑其他麻醉剂。猫的正压通气还有另一个关注点,在长时间的液体麻醉后,其苏醒时间延长。一项研究发现,麻醉 24 h,猫的苏醒时间为 18～35 h。根据作者本人经验,猫在长时间的麻醉后需要几天的时间才能苏醒。猫长时间的麻醉苏醒需要呼吸机支持,因此对猫进行正压通气会产生更高的费用和监护风险。

5. 监护

患病动物在进行机械通气时,持续性监控其心血管参数、呼吸参数、体温和静脉注射损耗的液体量(如蒸发、泌尿、胃肠道损失等)是重中之重。应连续监测脉搏血氧浓度、心电图、呼气末二氧化碳、血压和体温。此外,以小时为单位绘制图表有助于确定病情发展趋势、治疗效果以及必须解决的问题。若条件允许,可上动脉留置针以测量血压并间歇性分析血气。小型犬、猫可能无法放置动脉留置针,这就需要根据脉搏血氧浓度和静脉血气来评估是否存在低血氧以及通气是否有效。

6. PO₂ 和 PCO₂ 目标值

一般来说,患病动物会持续通气,直至血液中 PO_2 和 PCO_2 达到正常水平范围:PaO_2 在 $80\sim120$ mmHg(SpO_2 为 $95\%\sim99\%$),$PaCO_2$ 在 $35\sim45$ mmHg。大部分患病动物在吸氧分数低于 60% 且呼吸机设定为轻度到中度时,即可达到目标值。对于患有严重肺病的动物,需提高呼吸机参数(如更高的呼气末正压、吸氧分数和 PIP)以达到正常血气水平。过高的潮气量和压力可能会导致肺损伤,如肺的生物伤和气压伤,以及病情恶化。目前建议给急性呼吸窘迫综合征患病动物通气至血氧饱和度为 $85\%\sim90\%$(如 PaO_2 为 $55\sim80$ mmHg),$PaCO_2$ 超过正常水平,使血液 pH 值大于 7.2(如允许性高碳酸血症)。尽管这一设定对其他肺脏病患病动物的影响并不大,但将目标 PaO_2 降至 60 mmHg(SpO_2 为 90%)并提高对高碳酸血症的耐受力(如 $PCO_2>50$ mmHg),也许能下调低氧血症型呼吸衰竭患病动物所需的呼吸机参数,这也许对减少呼吸机相关性肺损伤的发生有帮助。

(五)问题解决

正压通气中的异常状况有血氧不足/血氧饱和度下降、高碳酸血症、低血压以及患病动物-呼吸机不同步、漏气、气流受阻和气压伤。

低氧血症是正压通气治疗中的常见问题,不同急缓程度对应的解决方案也不同。若脉搏血氧计测出氧气浓度快速下降,应再次测量或测定动脉血气。先前氧充分的患病动物突发急性低氧血症,指示肺功能急剧下降,可能的致病因素有气胸、机械故障、回路断开、供氧中断,此时应快速升高吸氧分数至 100%,进行胸部听诊,并检查呼吸机功能,若疑似气胸,应立即进行胸腔穿刺。补氧效率的缓慢下降是常见现象,往往暗示进行性肺病,如肺炎、急性呼吸窘迫综合征、呼吸机相关性肺损伤,而非气胸或机械问题。有多种解决方法可使用,其中一种方法是增加吸氧分数,但要注意长期高浓度吸氧会导致急性肺损伤和继发性氧中毒。其他方法有调高呼气末正压、潮气量和潮气呼吸时的峰压。

以下的单个或多个原因将导致使用呼吸机的患病动物出现高碳酸血症:

(1)气胸;

(2)气管内管或气管造口术插管扭结或堵塞;

(3)呼吸机呼吸无效腔增加——患病动物和 Y 形管之间有过多的导管/连接物;

(4)呼吸机回路组装错误,包括气道大量泄漏、呼气回路阻塞或任何可能阻碍潮气量产生和维持的问题;

(5)肺无效腔增加,可能由肺泡过度扩张或大面积的肺动脉栓塞引起;

(6)呼吸机设置不当,尤其是不合适的潮气量、呼吸频率,以及影响呼气的设定,如不充足的呼气时间会引起高碳酸血症。

病情原本稳定的患病动物突发 $PaCO_2$ 升高暗示急性异常,如气管内管或气管造口术插管的阻塞或移位、呼吸机回路泄漏或气胸。若在机器及患病动物的检查中已排除主要并发症,那么可能是肺泡通气量不足引起的,这时可适当调整呼吸机参数。

正压通气会带来血流动力学上的不良反应。动物正常自主呼吸时,胸腔负压有助于静脉血回流至右心(如前负荷)。正压通气时患病动物胸膜腔内压升高,阻碍静脉回流,因此在呼气时的静脉回流会随着正压通气的进行而减少。呼气末正压也会在呼气时升高胸膜腔内压,进一步阻碍静脉回流。监护人员应时刻关注正压通气患病动物的灌注参数以及血压,尤其是使用高呼气末正压和高峰压时。当静脉回流受阻时,可通过容量支持来增加前负荷。对于输液治疗后仍处于低血压的患病动物,可给予升压药。

患病动物自主呼吸与机械呼吸彼此冲突时,会出现患病动物-呼吸机不同步。患病动物抵抗或冲撞呼吸机会阻碍机械通气,可能会导致血氧饱和度下降和高碳酸血症。另外,这会增加呼吸做功,还会引发患病动物不适,增高发病率。患病动物冲撞呼吸机是正压通气监护中最常见的问题之一,最好有全面、系统的解决方法,以防对治疗造成影响。患病动物-呼吸机不同步的潜在诱因包括:

(1)低氧血症——供氧中断、原发病恶化或出现新的肺部疾病,如气胸、肺炎或急性呼吸窘迫综合征。

(2)高碳酸血症——回路断开/泄漏、插管阻塞或扭结、气胸。

(3)气胸——典型症状为 PCO_2 急剧攀升和 PaO_2 骤降,有必要进行听诊和胸腔穿刺。

(4)高热——由于麻醉动物的体温相对更低,102 ℉/38.9 ℃的直肠温度便可能导致病犬气喘,需要主动冷却来控制患病动物的气喘。高热的常见原因有动物抵抗呼吸机时呼吸增强,气道潮湿使得动物难以散热,因此可短时间停止加湿处理以缓解高热。

(5)呼吸机设置不当——当患病动物拼命吸气或呼气时应检查设定的参数,并观察动物呼吸模式是否正常,或是否与呼吸机参数相符。

(6)麻醉深度不足——监测麻醉深度临床标志,这可能是动物躁动最常见的诱因,但在未检查患病动物身体指标和呼吸机参数前,不可盲目加大麻醉剂量。

设置呼吸机上的高压、低压警报是非常重要的。呼吸回路低压说明漏气,常由呼吸管路偶然断开引起。气流阻力增加会激活高压警报,这可能是由黏液或大量分泌物阻塞气管导管或气胸引起的。肺部疾病恶化会导致气流阻力增加,从而需要更高的压力来保证充分的通气量。稳定时的气道压力不应超过 30 cmH_2O。

在犬、猫患有低血氧性呼吸衰竭和其他呼吸衰竭疾病时,机械通气可以挽救其生命。在机械通气的治疗中,呼吸衰竭动物的预后优于低血氧性呼吸衰竭的患病动物。麻醉机可以在短时间内提供正压通气,暂时稳定急诊室中动物的病情。若需要长期通气,建议使用加护型呼吸机。使用麻醉、气管插管和正压通气对识别与救治严重呼吸衰竭的犬、猫十分有效。

四、急诊的手术治疗

在兽医临床中,对于许多受伤或患病的动物,需要将手术纳入最终救治中。尽管一些外科疾病和损伤应由训练有素并取得执照的外科医师来治疗(如治疗椎间盘突出的半椎板切除术),但往往部分患病动物需要即刻进行手术。在手术方面,必须尽可能做到"缩短时间、减少垃圾、减轻创伤"。手术时间的延长会加大疾病的风险,尤其是对于病情危重的患病动物来说,手术速度是至关重要的。在处理一些极其紧急的病例时,为减少患病动物持续麻醉时间,可以在诱导麻醉之前打开手术衣和手术包。应尽可能减少留置植入物或异物材料,如引流和缝合材料(即"垃圾")。治疗危重病情或严重损伤的外科手术可能是复杂而具挑战性的,所以外科医师应具备全面的解剖学知识。手术中应移除坏死组织,且手术操作要尽可能精准,在处理机体组织时手法要轻柔。

(一)紧急手术时机

不能以任何理由延误濒死患病动物的救治。紧急手术前应快速评估气道、呼吸状况、循环、意识水平(功能障碍),而后续的检查、完整的体检、诊断检查、术区的剃毛和术前准备可以不进行。对于有极大可能或曾出现过心肺骤停的患病动物,可不考虑无菌手术,但应尽可能执行清洁手术。

对于一些没有必要即刻进行抢救手术的病例,在对患病动物进行诱导麻醉前必须进行适当的复苏治疗,使其进入稳定状态。要记住一点,若患病动物对体液复苏和支持性护理没有反应,那么可用外科手术进行复苏和稳定。

(二)准备

若要执行重大的紧急手术,需提前准备好手术室。查看麻醉机汽化器中吸入麻醉剂的量是否足够,呼吸回路连接是否完整。所有的电子设备应设定好并连接好电源。手术室中的主要设备包括心肺功能监视器、麻醉机、输液泵、输液恒温器、强力空气加温设备、抽吸器和电刀。应提前准备好手术台(如加热毯)以及静脉(IV)注射液(等渗晶体液和合成胶体液)输液器、延长管和输液加压袋。应确保有可用的血液制品和自体输血相关器材。

所有重要的无菌器材都需要准备妥当,包括器械包、电刀、抽吸管、无影灯手柄套、刀片。理想情况下,应该提供头灯和放大镜。可使用无菌抽吸罐收集血液,以便进行自体输血。

(三)患病动物的术前评估

应在诱导麻醉前对情况稳定的患病动物进行全面的体检。其中需要客观评估 5 种生命体征,分别为温度、脉搏、呼吸、血压和疼痛。应对所有患病动物的呼吸模式(如速率、用力情况)、胸部各分区的气道声音以及咳嗽进行评估,因为许多患有腹部疾病或腹部有创伤的动物会并发气胸、继发性吸入性肺炎或转移性疾病。心血管系统应根据心率、脉搏质量、毛细血管再充盈时间和血压进行评估。除了血压,还应尝试评估静脉容量,因为循环中约 70% 的血液在静脉中。虽然没有进行过研究,但颈静脉充盈情况或许可用于评估中心静脉压(假设没有胸内疾病)。按压颈静脉可阻碍入胸处血液回流,评估血管扩张性。颈静脉平坦的患病动物可能存在低血容量。可以进一步测量一些患病动物的趾间温度,以评估灌注量,大于 4 ℃ 的差异表明有继发于全身低灌注量或肢体损伤的外周灌注量改变。

应对腹部进行触诊、听诊,并通过触诊定位疼痛部位,检测是否有腹水波动、器官胀气或固体团块。腹部的听诊应在触诊前做,因为触诊可能导致肠道声音减弱。应进行直肠检查,注意血液、黑便、骨盆骨折或其他病理证据。对于血腹患病动物,可能会看到脐周出血(Cullen 征)。腹壁浅静脉的曲张与腹内压的增加一致,这可能与前负荷降低相关,最终导致心排血量减少。

应进行中枢神经和周围神经系统评估,并且要注意相关异常状况。对于有肢体损伤或怀疑有脊柱损伤的动物,应在其爪部做神经血管评估,还应评估皮肤和黏膜有无瘀点或瘀斑。

对于需要做紧急手术的患病动物,应用诊断性测试来确定其疾病或损伤的程度,并帮助确诊和判断外科手术的必要性。需要根据患病动物表现的疾病或损伤来选择相应的测试。一个之前健康的动物,有轻微创伤且可以在镇静和局部麻醉下缝合,可能不需要任何测试。而患败血性腹膜炎的动物理论上需要做完整的诊断测试,包括全血细胞计数和血液涂片、血细胞形态分析和血小板计数、电解质检查、血气(静脉或动脉)分析、凝血功能评估、完整的生化检查和尿液分析,还可以做伤口和腹腔液体的培养。不稳定的患病动物最好立即进行检查,包括血细胞比容和总干物质、血糖、血尿素氮或肌酐、电解质和血气分析。

(四)器械

应准备好已消毒的创伤处理器械包和手术器械包。手术器械包必须包含能进行大多数手术的所有器械。两种器械包都要保证质量。止血钳意外从血管脱落可能导致患病动物受伤。剪刀刀刃应当保持锋利,且需要定期检查,以判断是否需要更换。弯的器械比直的好,因为操作者能更好地看到要切割的组织,便于操作。

一定要准备好紧急手术所需的手术器械,外科医生常用的器械应放在上方。单独的器械包(灭菌但不密封)应包含可快速进入腹部或胸部的必要器械和快速止血所需的器械。

吻合器可大大节省时间,使用得当能减少患病动物并发症,可用于快速的肺叶切除、肝叶切除、胃切除、肠吻合术、血管结扎术、筋膜和皮肤闭合。

(五)患病动物准备

在外科手术前应使用合适的皮肤消毒剂为患病动物消毒。氯己定和聚维酮碘是兽医最常用的 2 种手术消毒剂。氯己定通过破坏细胞壁和吸附细胞蛋白而起作用,对大多数革兰氏阳性菌和部分革兰氏阴性菌(包括大肠杆菌和铜绿假单胞菌)有效。氯己定能有效作用于酵母菌,但对细菌芽孢和分枝杆菌无效。即便是存在有机物的情况下,氯己定也不会失去消毒活性,它能与角蛋白结合,因此具有残留的抗菌活性,接触 30 s 内即能发挥约 90% 的灭菌作用。因此尽管建议消毒时间为 5~7 min,但可能经过两次 30 s 刷手就足够了。

此外,假单胞菌和黏质沙雷氏菌可通过生物膜合成而快速产生对氯己定的抵抗能力。聚维酮碘也有类似的问题。因此,应避免长时间将纱布浸泡在任一消毒溶液中。

(六)患病动物摆位

良好的术区呈现与患病动物的恰当摆位密不可分,而患病动物摆位也可能对通气和血流动力学状态造成不良影响。当患病动物仰卧位保定时,腹部肿块、肿大脾脏或妊娠子宫会直接压迫腹腔静脉,从而显著降低前负荷和心排血量。而将患病动物稍稍倾斜摆位可以避免发生这种并发症。

(七)止血

对于所有患病动物,尤其是危重动物和受伤动物来说,精准止血非常关键。凝血障碍在急诊患病动物中不算罕见,这种病情下只要有轻微的血液渗出都可能造成大量失血。凝血障碍患病动物的皮下血管、网膜血管和肠系膜血管都可能会大量失血。

放置无创血管夹(如 Satinsky 钳、动脉夹)或 Rumel 止血带可以暂时控制实质器官出血。可以将小口径红色橡胶管绕在血管蒂上,然后将管末端连在一起,形成改良的 Rumel 止血带。用一对止血钳在管两端滑动,直到接近血管,此时它们被夹紧。此方法可以短时间内安全地阻塞许多主要的腹部血管,但在预先存在严重灌注不足的情况下,安全范围较小。对于严重肝出血患病动物而言,可以通过改良的肝门血流阻断法来暂时控制,该方法可阻塞肝门三联管(即门静脉、肝动脉和胆总管)。这将阻止约 70% 的血液流向肝脏,提供一段短暂的时间来识别损伤部位并控制出血。

局部止血剂也可用于控制部分情况下的出血,现有产品有纤维蛋白胶、胶原蛋白、吸收性明胶海绵和氧化纤维素。据说新型高岭土制剂在控制致命性大出血方面相当有效。另外,直接按压、伤口缝合(使血管压缩)、血管结扎、网膜填塞,以及使用电外科设备、血管夹、氰基丙烯酸盐黏合剂、止血剂或去除出血组织的方法可以实现有效止血。

对于接受大手术的患病动物,应慎重考虑放置饲管。理论上说,所有的犬以及有着胃轻瘫迹象的猫都要放置鼻胃管,用于术后减压和早期的肠道喂养。胃减压有助于降低膨胀概率,减少对横膈移动造成的影响,并已被证明能显著缩短恢复正常胃动力的时间。所有上消化道手术(包括肝胆和胰外科手术)都应放置胃肠道造口管或空肠造口管,唯一的顾虑就是患病动物在 24～36 h 内对肠内营养不耐受。

(八)腹腔清理

闭合腹部前,应用温性等渗液冲洗腹腔,并根据污染程度确定使用盐水的体积。建议灌洗受污染或感染的腹部时,灌洗液最小用量为 200～300 mL/kg,或直至洗到灌洗液澄清为止。不推荐在腹膜内给予抗生素,因为它们没有表现出任何益处。未有证据显示在灌洗液中添加消毒剂是有益的,而不良反应有化学源性腹膜炎、加剧粘连形成以及肠吻合的延迟愈合等。

(九)腹腔引流

在腹膜炎的病例中,腹腔引流会运用在尚未完全控制污染源、可能存在厌氧菌感染、计划做第二次剖腹手术和存在严重腹膜炎这 4 种情形之中。腹腔引流的两种主流做法有开放性腹腔引流和闭腹抽吸。开放性腹腔引流有许多缺点,包括蛋白质丢失、电解质异常、体液丢失、潜在的上行性感染和内脏脱离的风险。在许多情况下,闭腹抽吸是开放性腹腔引流的有效替代方法。灌洗后,将封闭的抽吸管放置在腹前部,然后闭合腹部。抽吸管需留在原位,直到产生的液体量在生理范围内,且流式细胞学检查没有发现炎症或感染后方可拔出。这种引流方法对多数患病动物有效,并能最大限度地降低发病率。

(十)创伤致死三联征

兽医中所谓的创伤致死三联征是指低体温、酸中毒和凝血不良。低体温可能继发于蒸发或传导散热、麻醉用的气体过冷、使用室温液体(特别是将凉性液体快速输入患病动物体内,导致术中低血压),以及存在开放性体腔或广泛的组织暴露。为了避免这种情况,应在麻醉机上使用回路加热装置,给输液液体和手术台加温,并对患病动物采用温水循环毯、空气加热回路和温性灌洗液,以维持温暖。

(十一)损伤控制

对于一些需要用手术控制致命性出血的严重创伤,目前兽医中建议将手术时间维持在 90 min 以内,以避免出现创伤致死三联征。损伤控制的目的是控制大出血和空腔器官渗漏,根据需要为肠道或尿道改道,包扎腹部,使患病动物尽快苏醒。现已证明违背以上原则会增高死亡率。使用毛巾包扎腹部,会对有渗出的伤口产生直接压力。包扎完成后,闭合腹部可能会引起腹内压力过大,从而导致腹腔间隔室综合征,这可能造成器官灌注减少以及继发性肾脏和肠道的衰竭。为了避免腹白线闭合过程中张力过大,应放置有助于形成负压的敷料;或者,可以将无菌的塑料片(如将大号静脉注射液袋剪开)缝合到腹白线的边缘。在腹白线两边都放上防水敷料,以预防热损耗和蛋白质流失,同时最大限度地降低腹腔间隔室综合征发生的可能性。之后对患病动物进行复温、酸中毒的治疗、凝血功能恢复性治疗。一旦患病动物状况稳定一些,应重新探查腹部(通常在 24 h 内),进行更细致的手术治疗。

（十二）外伤

创伤性伤口是急诊常见的问题。初期伤口处理对远期疗效具有显著影响。伤口愈合后的继发性疾病和患病动物疾病复发通常与初期伤口处理不当有关。一般来说,在血液供应良好、伤口无张力、无相对位移时,组织的愈合最快。继发于创伤的败血性问题由坏死组织清创不足、灌洗不足、抗生素选择不当以及液体复苏不足造成。应始终确保患病动物在恢复过程中得到适当的全身治疗和营养支持。

清创技术因组织而异。侵袭性组织处理会造成血管受损、组织的直接损伤、愈合不良,增大感染率,所以温和地处理组织非常关键。可使用锋利的手术刀整齐地切割皮肤,减少创缘出血。如果皮肤有限,可能需要分阶段清创。应大量切除脂肪和筋膜,直至剩下清洁、健康的组织。Mayo 剪用于剪切厚的组织,如筋膜;Metzenbaum 剪更精细,用于剪切薄的组织。如果肌肉没有出血或受切割时没有收缩,则应该被清除;如果肌腱没有腱鞘或被污染,应该去除;如果肌腱对该部位至关重要,则应保留,并尽可能将其吻合复原。使用手术刀片的边缘,从暴露的骨头上取下嵌入的碎屑,应尽量减少骨碎的产生,以避免破坏来自骨膜和周围软组织的血液供应。

（十三）术后护理

术后要供氧、协助换气。术后输氧 2 h 以上对于危重动物和进行肠切除术、吻合术的动物来说可能很有益,因为这能促进组织愈合并降低感染风险。应对表现有运动障碍或排尿困难的动物放置尿导管。其他治疗方法还包括胸腔抽吸和护理、引流护理以及根据损伤及手术类型选择包扎方式等。监控指标视患病动物的潜在创伤和状况决定,但是,在患病动物体温正常、状况稳定前,应至少做到每小时评估一次体温、心率、呼吸频率、呼吸情况以及血压。重症动物术后通常需要做血液检查,测试项目视患病动物情况而定,但通常包括血细胞比容、总干物质、血糖、白蛋白、电解质、血气、血常规和凝血功能检查。血流动力学稳定的患病动物,术后应在 12 h 内尽快开始肠内营养支持并维持 24～48 h。

无论是全科医院、转诊医院还是急诊诊所,都应接收急诊患病动物。有些患病动物有轻微的疾病和损伤,有些则极为严重。部分患病动物需要在到达医院后的几分钟至几小时内进行手术。应确保医院随时能够处理这些患病动物,这对良好的预后至关重要。准备工作包括确保医院设备齐全,兽医团队具备必要的知识和技能。持续分析和评估患病动物以及关注细节对确保手术结果良好也至关重要。应定期回顾患病动物发病率及死亡或安乐死的记录,以评估团队绩效,并在必要时进行改进。

五、小动物急诊镇痛、麻醉与化学保定

对急诊患病动物进行全面的术前评估是必要的,这能确定患病动物的创伤或受损类型。重症动物的生理环境改变与体液的减少,会影响止痛药和麻醉药的药动学和药效学。这时,对患病动物有益的做法是尽可能降低应激水平、优化供氧。

（一）稳定

必须对重症动物建立静脉通路,因为它可用于静脉输液与止痛药给予。在麻醉前,应尽可能纠正脱水、低血容量以及体液缺失、酸碱紊乱、电解质紊乱。一旦患病动物的病情稳定,就应

在麻醉之前进行全面的诊断检查,如全方位体检、放射学检查、血清生化检查、血常规、凝血检查、酸碱状态以及血糖和乳酸指标检测等。

在急诊患病动物外周或中央静脉放置一个以上的静脉留置针,以便在麻醉期间及麻醉后给予多种药剂和液体。使用中央静脉导管给药时,应谨慎地滴注给药,以免快速给药导致药物意外进脑,对动物造成长期的抑制。

1. 化学保定

由于疼痛会引起恐惧或脾气暴躁,在没有一定的化学保定时,医师难以安全地检查、处理一些患病动物的创伤。使用化学保定可能是最安全的,这可以避免医务人员受伤或对动物造成进一步的伤害。对于一些容易处理,但需要镇痛以便做放射学检查的动物,最好在给药前进行体格检查和血液学检查。对于难以处理的患病动物,由于无法进行血液学检查或者完整的体检,兽医师很难选择合适的药物。保定类药物通常是解离型麻醉剂、α2 受体激动剂和阿片类药物的结合,可能还有安定剂。这些药剂可混于同一支注射器中,以便于给药。苯二氮卓类药物应首选咪达唑仑,因为它与其他药剂兼容,并且相较于地西泮能更好地被肌肉吸收。对于处于极其疼痛状态或凶猛的动物,可将 μ 受体激动剂型麻醉药与 α2 受体激动剂(如右美托咪定)混合,通过肌内注射,产生镇痛、镇静和保定效果。

对于猫来说,多种药物联用可以起到保定和镇静作用,便于医生对其进行处理。肌内注射咪达唑仑联合布托啡诺对攻击性强或反应激烈的猫可能无效,因为有研究表明,这样做会使猫产生焦虑情绪,甚至产生攻击性行为。因此,这种药物组合仅适用于老龄猫或重症猫。在咪达唑仑与布托啡诺的药物组合中添加氯胺酮或右美托咪定能加强镇静和保定效果。联用氯胺酮和右美托咪定也能起到良好的镇静效果,但可能会诱发呕吐。单独使用右美托咪定也会出现 α2 受体激动剂的常见不良反应,如心动过缓和血糖浓度升高。

2. 术前给药

除非动物脾气暴躁或处于极度疼痛状态,否则不一定需要术前给药。术前给药能使患病动物平静和放松,从而减少诱导药物的用量。术前止痛可减少手术所需的吸入麻醉剂用量,并提供术前的预防性镇痛。

(1)阿片类药物。

若已确定患病动物可受益于术前给药,可将阿片类药物如吗啡、氢吗啡酮或羟吗啡酮与安定剂(如咪达唑仑)联用,进行肌内注射,产生镇痛和镇静效果。阿片类药物对心排血量、全身血压和氧气输送的影响最小,通常将其作为患病动物的首选药物。阿片类药物具有镇痛和镇静效果,必要时可用纳洛酮将其逆转。μ 阿片类受体激动剂因极佳的镇痛效果而被使用。部分属于 μ 受体激动剂类的丁丙诺啡可用于治疗中度疼痛,但是出现临床不良反应时,很难逆转。最后,部分阿片类药物(如吗啡、哌替啶)在快速静脉注射后会出现组胺大量释放和血管明显舒张的现象。

(2)安定剂。

除非动物存在中枢神经系统抑制,否则单独使用苯二氮卓类药物作为镇静剂是不可靠的。当它与阿片类药物或解离型麻醉剂联合使用时,能够产生良好的镇静效果。同样,乙酰丙嗪具有降血压作用,应慎用于重症动物。由于乙酰丙嗪具有镇静和抗焦虑的作用且仅有微弱的呼吸抑制作用,因此上呼吸道梗阻(如喉麻痹)为其适应证之一,乙酰丙嗪从而成为此类患病动物的理想镇静剂。由于安定剂在 30 min 后才能发挥最佳药效,所以即使是静脉注射,也必须提供足够的时间以完全发挥药效。镇静的同时,还需要向患病动物输送氧气。

（3）抗胆碱能药物。

除非患病动物心动过缓,否则抗胆碱能药物不能作为常规用药。因为抗胆碱能药物会诱发心动过速而增加心肌耗氧量,并且降低心律失常的阈值。

（4）解离型麻醉剂。

解离型麻醉剂是 N-甲基-D-天门冬氨酸受体激动剂,能产生外周和躯体镇痛效果。在兽医中最常用的解离型麻醉剂为氯胺酮,通常在术前给药中作为止痛药,可以通过肌内注射或静脉注射给药。单独给予氯胺酮会造成肌肉僵硬,最好与苯二氮卓类药物或 α2 受体激动剂联合给药,以松弛肌肉。氯胺酮会引起心动过速、血压升高,其本身具备引起呼吸抑制的特性,患有肾病的猫因其自身的排泄障碍,使用氯胺酮会延长药用效果,此药还应慎用于氮质血症患病动物。此外,氯胺酮会升高颅内压和眼内压,因此不建议用于患有创伤性脑损伤的动物。

（5）α2 受体激动剂。

α2 受体激动剂可为极度疼痛或脾气暴躁的动物提供镇静和镇痛。α2 受体激动剂主要通过降低去甲肾上腺素在中枢和外周神经的释放,减少伤害性感受信号的传递;也可降低中枢神经系统的交感性活动与循环中的儿茶酚胺。α2 受体激动剂可安全地与解离型麻醉剂、阿片类药物和镇静剂联合用于镇痛和麻醉。右美托咪定作为一种强效 α2 受体激动剂,通常用于保定、镇静、镇痛和肌肉松弛。此药可以进行静脉注射(包括恒速输注)或肌内注射。它的潜在不良反应包括呕吐、外周血管收缩和高血压,而高血压可继发反射性心动过缓,加入氯胺酮有助于调节这种不良反应。不建议使用抗胆碱能药物(如阿托品)来治疗右美托咪定诱发的心动过缓,因为心率加快与外周血管收缩并存会破坏心脏机能、加重高血压、诱发心律失常。如果由右美托咪定诱发的心动过缓较为严重,或表现出临床症状,通常可肌内注射阿替美唑来进行逆转。右美托咪定可安全地用于猫的镇痛与镇静,并有助于减少所需的吸入麻醉剂剂量。其潜在不良反应包括多尿以及干扰胰岛素生成,从而导致高血糖。正因如此,不推荐将右美托咪定用于尿路梗阻或糖尿病的患病动物。

（6）逆转剂。

用纳洛酮逆转阿片类药物,或者用阿替美唑逆转 α2 受体激动剂,都会导致止痛和镇静效果丧失,从而造成动物兴奋、疼痛和焦虑。为了减少这些潜在不良反应,应只使用一种逆转剂。如在阿片类药物与 α2 受体激动剂联合用药的情况下,应只逆转 α2 受体激动剂,从而保留阿片类药物的镇痛效果。如果需要逆转 μ 受体激动型阿片类药物(如芬太尼、氢吗啡酮或吗啡),最好使用 κ 受体激动剂或者 μ 受体拮抗剂,如布托啡诺、纳布啡来逆转阿片类药物的镇静效果,因为这样就能保留 κ 受体激动剂的镇痛作用。

除此之外,苯二氮卓类药物也是可被逆转的。如果必须要逆转苯二氮卓类药物(如地西泮、咪达唑仑),可通过静脉注射拮抗剂氟马西尼来实现。

（二）诱导

患病动物多处于抑郁、嗜睡状态,应尽量减少诱导药物的用量。对于免疫力低下、病情严重的患病动物,麻醉药物的剂量通常可以减少至正常动物所用剂量的一半。诱导药物应缓慢静脉滴注至起效,尽可能给患病动物注射足以插管的最少药物剂量。此外,平衡麻醉技术(如使用多种药物)将有助于减少使用单一药剂或单一药物种类所产生的不良反应。在适当情况下,最好使用局部麻醉或硬膜外麻醉以减少全身麻醉所需药物剂量。始终使用插管来控制气道,从而保证患病动物的通气能力,避免胃内容物通过呼吸道进入肺部。危重患病动物应被假定为处于饱腹状态,从而具有吸入风险。

为了尽可能减少动物的麻醉时间,应按照一定的程序进行麻醉。因此,尽可能在动物清醒的状态下完成一些步骤,如术区剃毛。对于可能需要插管的动物,在麻醉诱导前可以额外进行术前吸氧,这对于一些呼吸窘迫或者气道插管困难的动物来说非常有帮助。最后,在诱导前应确保心电图和血压监测到位,用以监测重症动物诱导麻醉过程中可能出现的心律失常、低血压或心血管塌陷等征兆。

理想情况下,全身麻醉应当有一个缓冲过渡期,以便给予心血管和神经系统充足的时间做出反应并适应药物。然而重症动物可能无法产生适当的反应,因此必须进行干预治疗,以避免患病动物临床状况恶化。如呼吸窘迫的患病动物需要通过快速插管来掌控气道通路,并以100%吸入氧浓度进行通气。

1.硫喷妥钠和丙泊酚

可以使用起效时间短的药剂进行快速诱导,如硫喷妥钠或丙泊酚。这些药剂的起效时间约为30 s,必须由静脉给药,持续时间也比较短,硫喷妥钠药效可持续10～15 min,丙泊酚则为5～10 min。通常将丙泊酚作为首选药物,因其药效持续时间更短。以上两种药物都可以与苯二氮卓类药物(如地西泮或咪达唑仑)联合使用,以松弛肌肉并减少硫喷妥钠或丙泊酚的总用量。硫喷妥钠与丙泊酚都会产生心律失常、低血压和呼吸暂停等不良反应,因此有必要进行间歇正压通气。由于两种药物均不具有镇痛作用,因此在术前必须给予其他止痛药。此外,硫喷妥钠和丙泊酚可以降低颅内压和眼内压,从而适用于创伤性脑损伤患病动物的诱导麻醉。由于丙泊酚在猫体内的代谢与排泄速度较慢,因而猫对该药的耐受性比犬差,多剂量或连续注射会延长麻醉苏醒时间。

2.阿法沙龙

阿法沙龙是一种新型诱导剂,适用于重症动物的诱导麻醉。它作为一种合成的神经活性类固醇,在体内能够被快速代谢并排出。与硫喷妥钠和丙泊酚类似,阿法沙龙也具有缺氧和呼吸暂停等剂量依赖性变化,不过它的安全剂量范围较广。阿法沙龙的药效持续时间短,据报道持续时间为14～50 min。它在恒速输注时也能起到松弛肌肉、迅速苏醒的效果。由于患病动物苏醒期间会出现兴奋状态(可见划水动作、肌肉抽搐,甚至剧烈挣扎),可将阿法沙龙与镇静剂联合使用,以改善苏醒状况。对于一些麻醉风险较大的犬,阿法沙龙是合适的诱导药物,应按照60 s静脉注射1～2 mg/kg剂量给药,动物可平稳地从麻醉中苏醒过来。阿法沙龙也可安全地与芬太尼联合使用,进行恒速输注给药。与丙泊酚相比,用了阿法沙龙的猫在麻醉苏醒过程中会变得失去方向感和更加焦虑。

3.阿片类药物

心血管系统较稳定的患病动物可逐步进行诱导麻醉,可使用安定镇痛技术,如采用氢吗啡酮、羟吗啡酮、芬太尼等药物,也可将地西泮或咪达唑仑混合丙泊酚或氯胺酮来促进诱导麻醉。严重肝损伤的犬、猫可考虑用瑞芬太尼镇痛。瑞芬太尼作为一种合成阿片类药物,能直接作用于μ受体,药效持续时间极短。由于瑞芬太尼的消除不依赖于肝肾功能,因而可用于肝或肾损伤的动物。即使长时间静脉输注瑞芬太尼,动物也能够快速苏醒。瑞芬太尼在犬中的静脉注射初始剂量为3 μg/kg,之后以0.1～0.3 μg/(kg·min)的剂量进行恒速输注,可用生理盐水将其稀释到合适浓度。由于药效作用时间较短,若患病动物持续疼痛,应在瑞芬太尼失效前补给止痛药。输液停止后,瑞芬太尼的临床效果就会迅速消失,无论输液多久,犬都会在5～20 min内苏醒。和其他阿片类药物一样,瑞芬太尼在恒速输注给药时会产生较强的呼吸抑制,严重时需要进行间歇正压通气。不过这种呼吸抑制症状在停止给药后就不再持续。

4. 依托咪酯

依托咪酯对心血管影响较小,因而适合诱导心血管系统不稳定的患病动物。但依托咪酯不宜作为单独诱导剂使用,因为这样做可能会导致干呕、肌阵挛。在使用依托咪酯前可以通过静脉给予苯二氮卓类或阿片类药物来减轻上述不良反应。对于猫而言,依托咪酯重复给药后,可能出现丙二醇溶剂继发的溶血。依托咪酯的使用是存在争议的,因其可导致肾上腺功能障碍,从而增高患病动物的发病率和死亡率。这种重症患病动物肾上腺功能障碍的持续期为24～48 h,而用复化可的松治疗依托咪酯诱导的肾上腺功能不足是无效的。研究建议,依托咪酯应慎用于由肾上腺功能不足而致病的脓毒性休克患病动物。此外,依托咪酯禁用于患有或疑患肾上腺皮质功能减退症的动物。

5. 氯胺酮

氯胺酮作为诱导麻醉(静脉注射)的一部分,可安全用于危重患病动物,通常与苯二氮卓类药物联合使用。它通过中枢介导的交感反应与内源性儿茶酚胺的释放来加快心率、升高血压和增加心排血量。氯胺酮能加强心肌收缩力,应慎用于肥厚型心肌病患病动物。另外,氯胺酮具有直接抑制心肌的作用,在虚弱的患病动物体内会伴发内源性儿茶酚胺反应减弱,从而出现低血压和心血管不稳定,单独给予氯胺酮也可能诱发癫痫。

6. 联合用药

多种药剂联用(如氢吗啡酮、地西泮、氯胺酮、利多卡因、丙泊酚)是平衡麻醉的一种实例。联合用药虽然延缓了药物的起效时间,但具有更佳的镇痛效果及心血管保护作用。氯胺酮可用于加强镇痛效果、升高心率和血压。利多卡因具有清除自由基能力、镇痛作用和抗心律失常的特性,有助于减轻内脏损伤、再灌注损伤或者室性心律失常带来的伤害,因此通常有益于危重患病动物。利多卡因具有心血管抑制作用,因此不建议用于猫中。将其中部分药物通过恒速输注联合给药,起效较慢,因此,在恒速输注前需要给予负荷剂量。

(三)麻醉维持

在动物插管和稳定后,可以用吸入麻醉剂如异氟烷或七氟烷来维持麻醉。这些药物是最常用的,但都会引发剂量依赖性心肌抑制、低血压和呼吸窘迫。异氟烷、七氟烷这两种药物均具备起效快、苏醒时间短的特点,可快速调节麻醉浓度。若患病动物无法承受吸入麻醉剂所带来的低血压影响,则可通过恒速输注麻醉药来维持麻醉。

(四)术中低血压

由于重症动物常会在麻醉期间出现低血压,因此当平均动脉压低于60 mmHg或收缩压低于90 mmHg时,需要立即处理以维持足量的器官灌注。首先,应减少吸入麻醉药的剂量,因为它们有镇静和血管舒张效果。其次,应进行静脉推注,15～20 min内静脉输注10～20 mL/kg的晶体液,或是10～20 min内静脉输注5～10 mL/kg的人工胶体液。如果不见起效,可以在维持总输液量恒定的情况下,采用多种液体推注的方法。若患病动物在输液治疗期间依旧处于低血压状态,则需要注射多巴胺或多巴酚丁胺,作为正性肌力支持。这些药物的半衰期短,可以静脉给药或恒速输注,剂量为 2～10 mg/kg。多巴胺与多巴酚丁胺可以同时使用。对于给予正性肌力药或血管升压素的患病动物,应密切监测其是否存在心动过速,若出现心动过速,应减缓输液速度或考虑使用其他正性肌力药,如麻黄碱(0.05～0.5 mg/kg 单次静脉推注)、去甲肾上腺素(0.1～1 μg/(kg·min)静脉恒速输注)。

(五)苏醒

在患病动物苏醒期间,必须持续进行心血管保护、监测、支持性护理和镇痛。苏醒期间的患病动物仍然需要正性肌力支持治疗,必要时可将其放入重症监护病房中进行治疗。应将患病动物置于干爽、温暖、安静、无压迫感的环境中,仔细地进行连续监护。颤抖的动物对葡萄糖和氧气的需求量较大,故在临床症状消失之前应进行供氧和保温。对于苏醒中或颤抖的患病动物,也应监测酸碱、电解质和血糖水平。使用电热毯有助于治疗术后低体温。此外,必须对正在忍受疼痛的患病动物使用止痛药,尽管它们可能因为太过虚弱而不会表现出典型的疼痛反应症状,也必须谨慎而合理地选用止痛药进行治疗。疼痛会导致分解代谢类并发症,如伤口延迟愈合、败血症和医源性疾病。

对于需要镇静或麻醉的危重患病动物,在给药前应先稳定其病情。任何时间都要对这些患病动物进行合理监护,以确保其能从镇静处理或急诊手术中存活。术后护理包括持续性给予血管升压药物和正性肌力药物、积极的胶体液和/或晶体液治疗、镇痛、抗生素治疗、氧气疗法、血压监测以及护理,这些能够提升危重患病动物群体的存活率。

六、小动物心肺复苏术

在兽医临床中,心脏停搏(心肺骤停)具有高致死性,仅 6%～7% 的小动物能存活至出院。因此,需要采取综合全面的策略来降低心肺骤停动物的死亡率,并通过多重因素的作用来改善治疗结果。

预防措施和对处于高危风险的动物的识别可以减少心肺骤停的出现,基本生命支持和高级生命支持的高效执行将提高自主循环恢复的可能性。心肺骤停后的护理是提高存活率的最后方法,它涉及神经、心肌、全身性缺血和再灌注损伤以及诱因的治疗。

(一)准备和预防措施

对心肺骤停的患病动物尽快展开心肺复苏术是至关重要的。兽医应接受相应培训,学会辨识心肺骤停,并及时采取相应措施。准备和预防重点如下:

1.心肺复苏术培训

(1)理论和实操培训都很重要。

(2)至少每隔 6 个月进行一次实操培训。

2.急救车

(1)置于中央位置。

(2)定期储备和清点。

3.药物参考用量表

(1)公式、药物和用量清楚。

(2)人员应学会使用。

4.心肺骤停的使用

(1)应对任何呈现为急性或失代偿的患病动物进行标准 ABC 评估。

(2)ABC 评估应在 15 秒内完成。

(3)若怀疑患病动物有心肺骤停,应立即进行心肺复苏术。

(二)基本生命支持

一旦辨别出心肺骤停,应在 CAB(循环、气道、呼吸)诊断完成后立即启动基本生命支持(BLS)。高质量的基本生命支持是心肺复苏术救治过程中最重要的环节。在血液停止流动的情况下通气无法发挥作用,因此应立即开始胸外按压,以推进血液流动,有证据表明,延迟执行胸外按压会加快病情恶化。基本生命支持重点如下。

1.胸外按压术

(1)患病动物多处于侧卧位。

(2)不论动物种类或大小,皆以 100～120 次/min 的频率按压。

(3)按压深度为胸宽的 1/3～1/2。

(4)在按压之间允许胸部完全回复。

(5)开始按压时尽可能减少中断和延迟。

(6)胸部按压每 2 min/组进行人员更替。

2.胸外按压姿势

(1)固定肘部位置,双手交叉。

(2)肩膀高于手的位置。

(3)腰部弯曲并调动核心肌群。

(4)避免倾斜。

(5)如果桌子太高可使用凳子,站在凳子上,或把患病动物放在地板上。

3.胸外按压时手的位置

(1)中型和大型圆胸犬:手放在胸壁最宽处。

(2)深胸犬:直接放在心脏位置。

(3)小型犬和猫:直接放在心脏位置,单手操作。

(4)平胸犬(如斗牛犬):犬背侧躺,手置于胸骨上方。

4.通气

(1)气管插管(首选技术)。

(2)呼吸频率 10 次/min,同时按压。

(3)吸气时间为 1 s。

(4)潮气量为 10 mL/kg。

(5)口对鼻人工呼吸。

(6)关闭患病动物嘴部。

(7)用嘴唇盖住两个鼻孔。

(8)为患病动物提供 1 s 吸气时间,进行 2 次快速换气。

(9)采用 30∶2 技术,即胸外按压 30 次,快速换气 2 次,立即恢复按压。

（三）高级生命支持

完成基础生命支持操作之后，心肺复苏小组应启动高级生命支持，内容包括监护、药物治疗和电除颤。高级生命支持重点如下：

1. 监护

心肺复苏术期间最有用的两种监测方式是心电图和CO_2描记图。

（1）心电图。

心肺复苏术期间使用心电图监测的目的是诊断心肺骤停类型。最常见的心脏停止节律有三种：①心脏停搏；②无脉性电活动（PEA）；③心室颤动（VF）。由于 ECG 的判读需要中断胸部按压，因此只能在心肺复苏术的 2 min 按压周期结束，更换按压人员期间进行判读。

（2）CO_2描记图（呼气末CO_2监测）。

一般可不受限制地使用非介入性的方式持续监测心肺复苏术期间的呼气末CO_2（$ETCO_2$）。通过$ETCO_2$监测仪测量CO_2水平，可用于判断（但并不绝对）气管插管是否放置正确。

2. 药物治疗

药物治疗应优先采用静脉或骨内给药途径。

（1）升血压类药物。

不管停搏节律如何，血管加压药均可以增加外周血管阻力，从而升高中心动脉压，进而增加冠状动脉压和脑灌注压。

（2）阿托品。

阿托品在心肺复苏术中的应用目前已有广泛的研究。它是一种抗胆碱能、抗副交感神经药物。阿托品也可通过气管插管（0.08 mg/kg）给药。

（3）抗心律失常药物。

非心室颤动（VF）/室性心动过速（VT）一般选择用电除颤进行治疗。此外，除颤后仍有顽固性心室颤动的患病动物可以经 IV/IO 注射 2.5～5 mg/kg 胺碘酮。

（4）逆转剂。

尽管没有确切的疗效数据，但仍可考虑在犬、猫中使用逆转剂来拮抗可逆性麻醉/镇痛药。纳洛酮（0.04 mg/kg，IV/IO）可用于拮抗阿片类药物，氟马西尼（0.01 mg/kg，IV/IO）可用于拮抗苯二氮卓类药物，阿替美唑（0.1 mg/kg，IV/IO）或育亨宾（0.1 mg/kg，IV/IO）可用于拮抗 α2 受体激动剂。

（5）静脉输液。

研究表明，对于确诊或疑似血容量不足的患病动物，静脉输液有助于恢复循环血量，提高胸部按压的功效并增加灌注量。

（6）皮质类固醇。

在心肺复苏术期间使用类固醇既无益处也无损害。但单次给予高剂量的皮质类固醇会导致犬胃肠道溃疡和出血，进而引起其他不良反应，如细菌移位。高剂量类固醇所存在的风险远超潜在的益处，因此不建议在心肺骤停患病动物中使用类固醇。

（7）碳酸氢钠。

长时间处于心肺骤停的患病动物，可能会因为代谢性酸中毒（如乳酸和尿酸）而出现严重的酸血症,或因外周灌注不足和 CO_2 蓄积而出现静脉呼吸性酸中毒,因此可以考虑用碳酸氢钠(1 mEq/kg,IV,稀释给药)进行治疗。

3.电除颤

许多研究表明,早期电除颤在心室颤动患病动物中与提高自主循环恢复率和存活率相关。如果心室颤动的持续时间确定或可能未超过 4 min,应持续胸外按压直至除颤器充电完成,然后立即对患病动物进行除颤。如果心室颤动的持续时间超过 4 min,则在除颤之前应进行一个完整周期的心肺复苏术,使心肌细胞产生足够的能量,以恢复正常的膜电位,增加除颤的成功概率。

除颤器可放出单相波(电极板间电流单向传递)和双相波(电极板间产生单向电流后,再产生反方向电流)。

(四)心脏停搏后护理

不同患病动物的情况各异,因此心脏停搏的临床表现也是各不相同的,有的几乎检测不到任何临床异常,有的可能出现严重的神经障碍以及多器官功能障碍。因此,不能使用"一刀切"的治疗方法,而应该"对症下药",以治疗临床异常症状。心脏停搏后的护理重点如下:

(1)改善呼吸状况,维持正常水平的 $PaCO_2$,持续性换气不足时应使用机械通气。

(2)改善血流动力学目标为恢复正常血压或轻微高血压。

(3)神经保护性治疗,积极治疗癫痫,防止体温过热/发烧。若患病动物昏迷,则采用亚低温疗法或减缓复温法。

(五)预后

心肺骤停具有高致死性。一般来说,患病动物的预后由以下 4 点决定:

(1)患病动物情况;

(2)导致心肺骤停的病因;

(3)心脏停搏期间持续的缺血性损伤;

(4)再灌注和再灌注后情况。

心脏停搏后期的异常情况通常由以下 4 个原因引起:

(1)缺氧性脑损伤;

(2)心肌缺血后功能障碍;

(3)缺血和再灌注后的全身反应;

(4)持续存在的病理异常(如潜在的疾病进程)。

为了改善心肺骤停的预后,必须在充分考虑患病动物需求的前提下采取包括准备和预防措施、基本生命支持、高级生命支持和心脏停搏后重症护理等在内的综合治疗策略。以上任一部分的改进均有助于提高整体存活率并为这一目标创造条件。

思考题

1.中毒动物的紧急处理方法有哪些?

2.简述心肺复苏的注意事项。

实训十一 眼部检查和用药

一、眼部检查内容与检查法

(一)视诊

通过视诊,可以了解眼部的一般情况和判明眼部病变的部位、形状及大小。可用肉眼直接观察被检犬、猫的眼部状态,也可用各种简单器械做间接视诊。眼的一般检查应当有系统地按顺序进行,先右后左,由外向内,以免遗漏。

对于疼痛较重或刺激症状较明显而主要诊断已经明确者,可先做处理,待症状缓解后再做检查;如果诊断尚未明确,可滴 0.5% 利多卡因液 1~2 次,在表面麻醉下进行检查。一些必要的但又带有不适感的检查或操作,如翻眼睑等,应放在最后进行。另外,对有穿透伤或深层角膜溃疡的眼,在检查时切忌压迫眼球。

视诊内容包括以下方面。

1. 眼周检查

检查眼眶及周边组织和眼附属器,检查眼眶是否对称、眼球与眼眶的关系以及眼眶是否出现变形。从动物头顶向下垂直观察有助于发现眼球位置的异常。观察动物有无出现斜视或眼球震颤。眼球内斜视常见于暹罗猫,属于一种先天性疾病,而对于犬可能提示出现了严重的神经性疾病。眼球震颤一般也多见于暹罗猫,一般与动物的视力无直接关系,但对于犬可能说明出现了先天性眼内疾病、获得性前庭疾病或小脑疾病。

2. 眼睑

检查眼裂大小,眼睑开闭情况,眼睑有无外伤、肿胀、蜂窝织炎和新生物,眼睑的位置、结构、功能有无异常(如眼睑下垂、倒睫、眼睑内翻、眼睑外翻、睑炎及眼睑肿瘤)。同时应检查眨眼反射,眨眼反射的传出神经需要完整的面神经及眼轮匝肌,传入神经包括视神经、三叉神经。正常情况下,当接触眼眶周边的皮肤时,可诱发迅速而完整的眨眼反射。上下眼睑应该与眼球保持接触。眼睑的轮廓曲线应该是完整的,在眼睑边缘还应该可以见到睑板腺开口。双行睫通常生长于睑板腺开口之间,而异位睫往往生长于上眼睑睑结膜内。

3. 结膜与瞬膜

检查结膜有无肿胀、溃疡、异物、创伤和分泌物。可翻开上下眼睑,检查睑结膜,观察是否出现淋巴滤泡、结膜水肿、结膜出血、结膜撕裂。结膜的颜色还可以用于评价动物是否出现贫血或黄疸。检查瞬膜的结膜球面和结膜睑面。瞬膜常见的疾病包括瞬膜软骨外翻、瞬膜腺脱出、滤泡性结膜炎、瞬膜囊内异物。

4. 角膜

检查角膜有无损伤,表面光滑还是粗糙,有无新生血管或赘生物,角膜透明度或浑浊程度、湿润度,角膜轮廓以及是否发生角膜溃疡。正常的角膜透明、无血管、湿润且无色素沉着。角膜上的新生血管分为两种形式:浅表性血管和深层血管。浅表性血管位于角膜基质表面,深度不会超过全角膜厚度的 1/2,角膜上浅层的血管通常会延伸至结膜,呈树枝状,并且主要与眼表疾病有关。深层血管会延伸至角膜缘,并且"中断"于角膜缘,主要与眼内炎症有关。

5. 巩膜

检查巩膜有无颜色、血管变化,有无肿物,有无撕裂创。在巩膜表面可以见到小血管,在巩膜的外侧偶尔能见到粗大的静脉。巩膜充血多见于急性青光眼发作期,有时在青光眼得到有效控制的情况下,巩膜上扩张的血管仍不会消退。巩膜充血通常与炎症有关。虹膜睫状体炎造成的巩膜充血,如果局部使用去氧肾上腺素,充血的血管不会有任何变化;而结膜炎引起的巩膜充血,使用去氧肾上腺素后,充血的血管会立刻变白。

6. 眼前房

检查房水透明度与深度,有无炎性渗出物、血液或寄生虫。使用裂隙灯检查眼前房,当房水内的蛋白含量升高时,往往会表现出"房水闪辉"。当动物出现房水闪辉时,说明发生了葡萄膜炎。

7. 虹膜

检查虹膜的颜色和纹理、虹膜形状、瞳孔大小和虹膜的运动。不同品种的犬、猫,虹膜的颜色也会有差异。当动物发生虹膜炎时,虹膜的颜色往往变深。

8. 瞳孔

检查瞳孔大小、形状和对光反应。检查瞳孔对光反射需要在暗室中进行,瞳孔反射受动物心理状态、室内光线强弱、动物年龄以及检查光源的光照强度等因素影响。老龄犬的虹膜括约肌萎缩导致其瞳孔反射往往比较缓慢,尤其是贵妇犬。检查过程中需要仔细观察瞳孔反射速度、瞳孔缩小程度以及瞳孔缩小维持的时间。完成瞳孔反射需要有一个完整的视路。瞳孔反射属于皮质下反射,主要是用来检查视网膜和视束的完整性,无法评估动物视力。切忌滥用散瞳药,对于患有青光眼或晶状体脱位的动物,应避免使用散瞳药。散瞳也应在暗室中进行,幼龄动物散瞳速度比较慢,因此需要频繁给药。

9. 晶状体

晶状体是无血管的透明结构。晶状体的检查项目包括透明度、晶状体位置及大小。局限性白内障可发生于晶状体的任何部位。在白内障早期,晶状体皮质往往会出现空泡状或水格栅状,此时一般不会影响动物视力,而随着白内障的发展,最终整个晶状体完全变白且不透明,此时动物失明。有的犬在 3 岁左右,其晶状体皮质和晶状体核的折光会发生改变,但晶状体核硬化不会影响动物视力。有的犬在 6 岁左右会出现晶状体核硬化。

10. 玻璃体

玻璃体呈透明胶状。玻璃体的检查主要通过检眼镜进行。检查玻璃体是否出现丝状或絮状浑浊、出血及炎性细胞的浸润,以及是否出现星状玻璃体变性。玻璃体还可能发生液化,并且在玻璃体内产生不透明区域,这种不透明区域会随着眼球的运动而运动。应注意区分眼内的不透明是来源于晶状体还是玻璃体。

11. 眼底

眼底是最后的检查项目,一般通过直接检眼镜或间接检眼镜进行检查。散瞳后对眼底进行详细的检查。眼底检查项目包括有无视网膜脱落、视网膜出血、视网膜发育不良、视网膜缺损等,同时还应检查视盘的大小、形状、颜色。视盘发生肿胀或炎症通常会造成动物失明。

(二)触诊

触诊一般在视诊后进行。对眼部病变部位或有可疑病变的部位,用手触摸,以判定其病变的性质。检查眼睑的肿胀、温热程度和眼的敏感度以及眼内压的增减。对有角膜溃疡及眼球穿孔伤的动物,切忌压迫眼球,以免造成更大的损伤。检查睑结膜和穹窿结膜时,须翻转眼睑,用拇指或食指将下睑往下牵拉,下睑结膜便可以完全露出。

(三)角膜镜检查法

角膜镜又叫 Placido 板,是一个直径约 25 cm 的带手柄的圆盘,圆盘上绘制有黑白相间的同心圆圈,在正中央有一圆形小孔。角膜镜主要用来查明一般检查不容易发现的角膜最小弯曲度与平滑度。检查时,动物的被检眼朝向暗面,检查者一手持角膜镜站在动物前方,另一手将动物的眼睑撑开以暴露角膜,将角膜镜的圆圈面朝向光源并对准被检眼角膜,使角膜镜上的圆圈映在角膜上,然后通过角膜镜中央孔观察角膜映像有无变化。正常角膜的影像为规则而清晰的同心圆。同心圆呈梨状,是圆锥角膜症状;在角膜上有创伤溃疡及表面不平滑时,反映的图像则呈波纹样或锯齿状,不是同心圆,甚至呈现间断残缺图像,说明角膜混浊或有伤痕。

(四)烛光映像检查

烛光映像法检查场地一般选择在暗室内或夜间,在被检眼的侧面放置一支点燃的蜡烛,将其前后移动,同时注意观察其在眼内的成像。正常情况下,可在眼内出现 3 个深浅、明暗不同的烛光映像:第 1 个为清晰而明亮的正像,即角膜面映像;第 2 个为最大、最暗淡的正像,即晶状体前囊面映像;第 3 个为最小的倒像,即晶状体后囊面映像。移动烛光的同时,前 2 个映像随烛光同向移动,第 3 个映像反向移动。若 3 个映像全部不清或无映像,表示角膜混浊严重和反光不良。若第 1 个映像清晰,第 2 个和第 3 个映像不清或无像,表示角膜正常、晶状体反光不良、房水或晶状体透光不良或缺晶状体。若仅第 3 个映像不清或无像,表示角膜、房水和晶状体前囊正常,而晶状体透光和反光不良。

(五)检眼镜检查法

检眼镜检查法用以检查眼的屈光间质(角膜、房水、晶状体及玻璃体)和眼底(视盘、视网膜及脉络膜),是眼科的常用检查方法。检查在暗室进行,一般不必扩瞳。如需详细检查,可在检查前 30~60 min 使用 1% 硫酸阿托品溶液进行 2~3 次点眼扩瞳,也可滴 2% 后马托品液 2~3 次或滴 0.5%~1% 托吡卡胺 1~2 次扩瞳。老年动物则用 2%~5% 去氧肾上腺素溶液扩瞳,并在检查后滴缩瞳药。扩瞳前应注意排除青光眼。

1. 正常眼底

犬的正常眼底:绿毡是位于眼底上半部的一个半圆形到三角形的具有光泽及鲜明色彩的结构,其四周被昏暗的、无光泽的黑毡所包围。它的颜色根据动物的年龄、品种和毛色有所不同,有橙色、黄色、绿色和蓝色等多种鲜明的颜色,而且常常超过一种颜色。绿毡最常见的颜色是黄色的毡部伴有一绿色的边缘,并逐渐过渡到蓝色而止于与黑毡结合处。黑毡的范围更加宽广,并且从各个方向围绕着整个绿毡。黑毡呈深灰到暗褐色,而且没有光泽,其颜色与动物的品种和毛色等也有一定的关系。视神经乳头的形状有圆形的、三角形的或卵圆形的,还可能有一边或多边凹入。视盘的颜色由白色到深红色不等。3 束动静脉血管自视盘中央几乎呈120°角向 3 个不同方向延伸,其中一束向上、向颞侧延伸,其他两束向黑毡部延伸。

猫的正常眼底:猫的视神经乳头几乎呈圆形,颜色多为乳白色或淡粉色,由于毛色不同,绿毡的颜色为黄色、淡黄色、黄绿色或天青色不等,黑毡面积较小,颜色为蓝色、黑褐色不等。血管分布不像犬那样有规律,较大的血管一般为 3～4 束。视网膜中央区位于视盘颞侧,周围血管较多。

2.检查方法

检眼镜包括直接检眼镜和间接检眼镜两种,都由照明系统和观测系统构成。检查者手持检眼镜并打开光源开关,将光照射至被检动物的眼底,检查者的眼由镜孔通过动物的瞳孔观察其眼内及眼底情况,然后由远而近依次观察被检眼的角膜、前房、晶体及玻璃体。

(1)直接检眼镜。

比较常用的直接检眼镜是 May 氏检眼镜,主要由一个中央带有小圆孔的反射镜和回转圆盘组成。圆盘上装有一些小透光镜,若旋转该圆盘,则各透光镜交换对向反射镜镜孔。各小透光镜均记有正(＋)、负(－)符号,正号用于检查晶状体和玻璃体,负号用于检查眼底。检眼镜本身具有光源。用直接检眼镜检查眼底,能将眼底像放大 15～16 倍,所见为正像,可看到的眼底范围小,应注意上、下、左、右移动检眼镜,进行比较观察,以得出较细致详尽的结果。除此之外,直接检眼镜可用于检查眼的屈光间质有无混浊,将镜片拨到＋8D～＋10D 进行检查,如果屈光间质正常,则瞳孔区呈现橘红色反光,若屈光间质有混浊,则橘红色反光中出现黑影。此时使动物转动眼球,若黑影移动方向与眼球转运方向一致,则表明混浊部位位于晶状体前方,反之位于晶状体后方,如果不动,则位于晶状体。

(2)间接检眼镜。

间接检眼镜能将眼底像放大 4～5 倍,所见为倒立的实像,看到的范围大,一次所见可达25°～60°,且立体感强,景深宽;可以同时看清视网膜脱离皱襞等不在眼底同一平面的病变,有时还可弥补直接检眼镜的不足。一般需要进行散瞳检查。

(六)荧光素染色法检查

荧光素用于检查角膜表面是否发生了溃疡。荧光素是水溶性的,角膜上皮是脂溶性的,如果角膜上皮是完整的,则荧光素无法着色,当发生角膜溃疡或上皮损伤时,荧光素就会附着于角膜上皮下的基质层,从而显色。检查方法是将无菌的 1‰荧光素液滴入结膜囊内,然后用生理盐水冲洗,亦可用玻璃棒蘸少量药液于结膜囊内,进行观察。此时可见角膜、结膜破损处有嫩绿色着色,上皮完整处不染色。如有角膜瘘,点荧光素后轻压眼球,可见角膜表面布满黄绿色荧光素,而在瘘管处有液体流出,状如清泉外流。由于荧光素易被细菌污染,近来主张改用消毒荧光素滤纸,使用时将其一端用生理盐水浸湿后,与结膜相接触,泪液呈黄绿色,角膜损伤处染色。

(七)泪液试纸检查

在对患犬进行眼球及其附器检查之前,可用施里默氏泪液试验鉴定泪液分泌情况,这种试验必须在犬有意识的情况下进行,而且应避免对眼或附器进行操作而造成假性泪液分泌增加。

试验过程如下：将一特殊设计的试纸条在距一端约 5 mm 的标记处折叠，并插入下结膜穹窿，1 min 后取出试纸条并立即读出试纸条上所浸湿的值。有的试纸条加入了指示剂，一遇泪液就变色，有利于读出所浸湿的值。施里默氏泪液试验通常是在没有进行局部麻醉或局部没有使用其他药物的情况下进行的，犬的正常值范围为纸条浸湿 15～25 mm，如果浸湿读数在 10～15 mm/min，应考虑存在泪液分泌不足的可能。当浸湿读数在 10 mm/min 以下时，应考虑存在干燥性角膜炎等特异性病症。

（八）视力检查

应该首先观察动物在诊室内的运动状态。失明的动物往往会举步小心、碰撞物体，呈凝视状，甚至不愿运动。动物主人往往会表述，动物在家里"视力"很好，但在陌生的环境中视力很差。这主要是由于动物在熟悉的环境中，可以通过嗅觉，很好地记住家里的环境及布局。还可以通过手、笔灯、棉球等进一步评价动物视力。应对每只眼睛分别进行检查。另外，对于视力的检查，需要在明亮光线和昏暗光线下分别进行。

1. 强光试验

在黑暗的环境中，用强光突然照射犬、猫的眼睛。如果视力正常，则犬、猫会眯眼；如果犬、猫的眼睛对强光没有反应，那就是视力有问题。

2. 运动试验

犬、猫一般会对移动的物体感兴趣。把手指放在犬、猫面前移动，如果犬、猫随着手指移动而转向，说明视力正常。

3. 棉球试验

从高处扔下棉球，观察犬、猫的反应。当犬、猫的目光随着棉球的下落方向而下移时，说明视力正常。注意用松软的大棉球，让犬、猫有足够的时间观看下落过程。此外，应排除风力对试验结果的影响。

4. 障碍试验

与以上三种试验相比，障碍试验的结论是最准确的，但需要很长时间。方法是在主人和犬、猫之间设置一个障碍，主人在障碍的另一边叫犬、猫的名字。如果犬、猫能成功地越过障碍跑到主人身边，说明犬、猫视觉正常。如果犬、猫不能成功越过障碍或者表现害怕，基本可以判断有视觉障碍。

二、眼科常用药物

（一）抗过敏滴眼液

抗过敏滴眼液（如色甘酸钠滴眼液）能够控制过敏反应，适用于治疗花粉症、春季卡他性角膜炎、结膜炎、急慢性过敏性结膜炎、花粉症结膜炎等过敏性眼病。类似作用的药物还有洛度沙胺、吡嘧司特等。洛度沙胺滴眼液的商品名有阿乐迈、乐免敏等，吡嘧司特滴眼液也叫眼立爽。此外，酮替芬滴眼液也有抗过敏作用，主要用于过敏性结膜炎。常用的抗过敏滴眼液还有依美斯汀、左卡巴斯汀滴眼液。

（二）收缩血管的滴眼液

如四氢唑啉滴眼液可通过血管收缩，迅速消除眼结膜充血，具有滋润眼睛、消除红肿、解除眼疲劳、瘙痒感等作用。主要用于过敏性、急性或慢性结膜炎,花粉症引起的充血性结膜炎,眼睛有灼热感及痒感。类似作用的滴眼液有羟甲唑啉滴眼液、维氨啉滴眼液。

(三)抗炎、镇痛及补充眼部营养的滴眼液

非甾体抗炎药酮咯酸用于眼睛,具有消炎、镇痛作用,其滴眼液可用于季节性及过敏性结膜炎所致的眼部瘙痒。类似药物如双氯芬酸滴眼液及普拉洛芬滴眼液均有抗炎、镇痛作用,同时能缓解眼部瘙痒症状。

(四)抗菌药

细菌性睑缘炎的治疗方法是将抗菌眼膏涂至结膜囊内或睑缘部分。重者需要应用抗菌药物进行全身治疗,这种治疗通常需要在睑缘取样进行微生物培养,确定抗菌敏感性后再进行。

衣原体感染会导致致盲性沙眼和包涵体性结膜炎。对于衣原体感染的治疗,除了注意动物卫生和环境卫生之外,主要是抗菌药物的治疗。急性期或严重的沙眼应当口服阿奇霉素进行全身治疗,首次口服 500 mg,以后每日 250 mg,四日为一疗程。为了保证患病动物的依从性,也可以采用单次口服,剂量为 1 g。眼局部治疗可以滴用抗菌滴眼液或眼膏,如 0.3% 氧氟沙星、0.25% 氯霉素滴眼液、红霉素眼膏、金霉素眼膏等,以及 0.1% 利福平滴眼液。

细菌性眼内炎是一种医学急症,需要眼科专科医生进行处理,通常需要采用多种途径,如结膜下注射、前房内注射、玻璃体腔内注射及全身途径来给予抗菌药物,其中以玻璃体腔内注射最为重要。如果是眼科手术引起的细菌性眼内炎,可向眼内注入万古霉素 1 mg/0.1 mL 和头孢他啶 2.25 mg/0.1 mL,2~3 d 后重复注射。

多种抗生素可用于眼局部抗感染治疗。左氧氟沙星是氧氟沙星的左旋体,其抗菌活性约为氧氟沙星的 2 倍,具有抗菌谱广、作用强的特点。其主要作用机制为抑制细菌 DNA 旋转酶(细菌拓扑异构酶 II)的活性,阻碍细菌 DNA 的复制,是用于治疗眼部浅层感染的可供选择的药物。滴用左氧氟沙星滴眼液后一般耐受性良好。由于左氧氟沙星可致关节软骨病变,因此幼年动物禁用,妊娠、哺乳期动物慎用。含该成分的滴眼液和眼用凝胶均不宜长期使用,以免诱发耐药菌或真菌感染。

三、眼部常用治疗技术

(一)洗眼

1. 方法

患病动物仰卧,头稍后仰并倾向患侧,将受水器贴紧患病动物面颊部,受水器凹处对准颧突的下方,保持水平位。操作者站在患病动物头后或患眼右边,左手拇指与食指轻轻分开患病动物上下眼睑,右手持洗眼壶,壶嘴距眼 2 至 3 cm,先冲洗患侧颊部皮肤,然后移到患眼上,由内到外进行冲洗,液体不能直接冲洗于角膜上。洗毕,用消毒棉球擦干净患眼周围皮肤。

2. 注意事项

(1)冲洗温度应适应,以手背耐受为宜。

(2)壶嘴与眼距离不能太近,以免污染,也不能太远,以免压力太大。但对化学烧伤应有一定冲力,距离可远些。

(3)角膜穿透伤及角膜溃疡者不可冲洗,以免将结膜囊异物、细菌及分泌物冲入眼内。

(4)小动物洗眼应取仰卧位,头部仰放在操作者两腿之间进行固定,便于冲洗。

（5）对于传染性眼病，尽量不使冲洗液流至健眼，使用过的器皿进行严格消毒。

（二）点眼

1. 方法

（1）携用物至患病动物旁，核对动物品种、眼别，核对眼药的标签。

（2）使患病动物处于平卧位，头稍后仰。

（3）若患病动物眼部有分泌物，先轻轻擦干眼部分泌物。

（4）取新棉球，用手轻轻扒开下眼睑，滴眼药时，瓶口与眼睑距离应该在 2～3 cm，将 1～2 滴药液滴入下穹隆部。（切勿将药液直接滴至角膜上）

（5）滴药后再次核对，然后闭眼休息 3～5 分钟。

（6）及时盖上眼药的盖子，整理用物。

（7）洗手。

2. 注意事项

（1）滴眼前必须洗净双手，防止交叉感染。

（2）滴眼前检查药水有无变色、沉淀，注意玻璃滴管有无破损。

（3）严格执行核对制度，仔细核对瓶签、动物品种及眼别。特殊药物须贴上醒目标签，以示区别。

（4）滴眼时注意滴灌口或药水瓶口不要触及眼睑、睫毛或手指，以免污染。

（5）滴毒性药物，如阿托品、毒扁豆碱等，应用消毒棉球按压泪囊部 2～3 分钟，以防药物经泪道及鼻黏膜吸收而引起中毒。

（6）同时滴数种药液时，先滴刺激性弱的药物，再滴刺激性强的药物。眼药水与眼药膏同时用时，先滴眼药水，再涂眼药膏，每次每种药需间隔 2～3 分钟。双眼用药时，先滴健眼，再滴患眼。

（7）滴混悬液时，应摇匀后使用，以免影响疗效。

（8）定期更换消毒眼药水及盛器，避免细菌污染。

（9）对于患传染性眼病的动物，应隔离治疗，眼药水专用。

（三）结膜下注射

结膜下注射可用于治疗眼前部炎症、化学性烧伤早期、角膜炎、角膜斑翳等各种眼病，也可用于眼球手术的局部浸润麻醉。

1. 方法

安抚动物情绪，消除其恐惧心理，加以保定。结膜囊内滴 1‰丁卡因 3 次，每次间隔 3 至 5 分钟，进行表面麻醉。使动物上睑或下睑固定于眶缘处，注射针与眼球壁呈 15°至 30°角进针，切忌垂直，以免误伤眼球。针尖应背向角膜方向，将药物注入上方或下方球结膜处。结膜下注射常用部位为下睑穹窿结膜。

2. 注意事项

（1）注射时不要用力过猛，尽量避开血管，避免损伤巩膜。

（2）注射时针头与角膜平行，避免伤及角膜。

（3）如多次注射，可更换注射部位，以免形成粘连。

（四）鼻泪管冲洗术

患眼滴数滴局部麻醉药，将 4～6 号钝头圆针或泪道导管经上泪点插入泪小管，缓慢注入生理盐水（图 11-1）。如液体从下泪点、鼻腔排出或动物有吞咽、逆呕或喷嚏等动作，证实鼻泪管通畅。

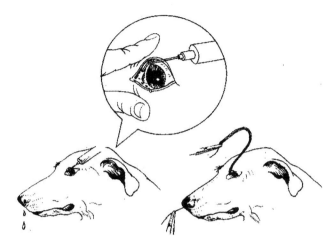

图 11-1　鼻泪管冲洗术

（五）眼睑内翻矫正

固定患病动物头部，全身麻醉配合局部麻醉。

眼睑内翻矫正分为两种术式。

①暂时性缝合纠正术，适用于有遗传缺陷的幼犬。在内翻眼睑外侧皮肤距眼睑 0.5～1 cm 处做一至数个垂直钮孔状缝合，使缝合处皮肤内翻。皮肤内翻程度以内翻的眼睑恢复正常为合适。

②切除皮肤纠正术。局部剃毛、消毒，在离开眼睑缘 0.5～1.5 cm 且与眼睑平行部位做第一切口，切口的长度要稍长于内翻部的两端。然后在第一切口与眼睑缘之间做一个半月状的第二切口，其长度与第一切口长度相同。半圆的最大宽度应根据内翻的程度而定。将已切开的皮肤瓣连同眼轮肌的一部分一起剥离切除，而后将切口两缘拉拢，结节缝合。（图 11-2）

（六）眼睑外翻矫正

固定患病动物头部，全身麻醉配合局部麻醉。

下睑外翻不严重、慢性上睑下垂的犬无须手术治疗，可使用抗生素和皮质类固醇滴眼液（地塞米松等）减少局部刺激和防止感染。如果分泌物异常增多，出现慢性结膜炎和眼睑痉挛，则适合手术矫正。通常使用沃顿琼斯眼睑形成技术（即 V-Y 技术）进行眼睑外翻矫正。在下眼睑睑缘下方 2～3 mm 处做深达皮下组织的 V 形皮肤切口，切口的 V 形基底应比眼睑边缘外翻部分宽。然后将皮下组织从 V 形切口尖端向上分离，逐渐游离三角形皮瓣。对两侧伤口边缘进行皮下分离，从 V 形尖端向上做结节缝合，皮瓣沿着缝合边缘向上移动，直到外翻的下眼睑边缘恢复到原来的状态，得到矫正。最后，结节缝合剩余的皮肤切口，将原来的 V 形切口变成 Y 形切口。缝合线通常用 4 号或 7 号丝线，针间距保持在 2 mm，术后 10～14 天拆线。

术后护理：术后需用抗生素眼药水或眼膏点眼，每天 3～4 次，持续 5～7 天。消除因眼睑

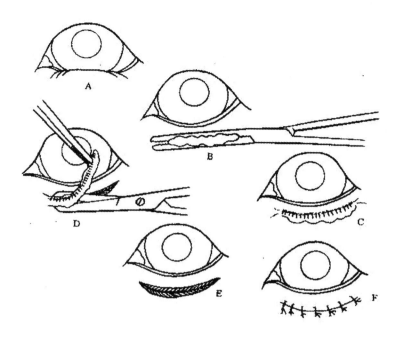

图 11-2　眼睑内翻矫正(切除皮肤纠正术)

外翻继发的结膜炎或角膜炎症状,同时注意动物搔抓或摩擦造成术部损伤。

四、实训结果观察与总结

记录本组实验动物眼部检查的结果并进行分析。

思考题

1.如何进行洗眼、点眼操作?

2.眼部一般检查的内容有哪些?

3.简述眼睑内翻的其他矫正方法。

实训十二　肠管切除与断端吻合术

一、适应证

肠管切除和断端吻合术适用于各种类型肠变位（肠套叠、肠扭转、肠绞窄、肠嵌闭等）引起的肠坏死、广泛性肠粘连、不宜修复的广泛性肠损伤或肠瘘，以及肠肿瘤的根治手术。

二、术前准备

由肠变位引起肠坏死的动物，大多伴有严重的水、电解质代谢紊乱和酸碱平衡失调，并常常发生中毒性休克。为了提高动物对手术的耐受性和手术治愈率，常在术前静脉注射胶体液（如全血、血浆）和晶体液（如林格尔氏液）以及地塞米松、氯霉素等药物，并在对中心静脉压的监测下进行。插入胃导管以减轻胃肠内压力，同时积极进行器械、敷料和药品的准备。在非紧急情况下，术前24 h禁食，术前2 h禁水，并给以口服抗菌药物，如卡那霉素等，可有效地抑制厌氧菌和整个肠道菌群的繁殖。给动物称重，计算麻醉用药剂量。动物仰卧保定，实施全身麻醉，并进行气管插管，以防呕吐物逆流入气管内。手术通路采取脐后腹中线切口。

三、手术方法

（一）打开腹腔

腹壁切开后，用生理盐水纱布垫保护切口创缘，术者手经创口伸入腹腔内探查病变肠段。应重点探查扩张、积液、积气、内压增高的肠段，遇此类肠段应将其牵引出腹壁切口外，以判定切除范围。若变位肠段范围较大，经腹部切口不能全部引出或因肠管高度扩张与积液，强行牵拉肠管有肠破裂危险时，可将部分肠管引出腹腔外，由助手扶持肠管进行小切口排液。术者手臂伸入腹腔内，将变位肠管近心端肠祥中的积液向腹腔切口外的肠段推移，并经肠壁小切口排出，排空全部变位肠段中的积液后，方可将全部变位肠管引出腹腔外。用生理盐水纱布垫保护肠管，隔离术部，判定肠管的生命力。

在下列情况下可判断肠管已经坏死：肠管呈暗紫色、黑红色或灰白色；肠壁菲薄、变软无弹性，肠管浆膜失去光泽；肠系膜血管搏动消失；肠管失去蠕动能力等。若判定可疑，可用生理盐水温敷5～6 min，若肠管颜色和蠕动仍无改变，肠系膜血管仍无搏动，可判定肠壁已经发生了坏死。

（二）肠部分切除

肠切除线应在病变部位两端5～10 cm的健康肠管上，近端肠管切除范围应更大些。展开肠系膜，在肠管切除范围上对相应肠系膜作V形或扇形预定切除线，在预定切除线两侧，将肠系膜血管进行双重结扎,然后在结扎线之间切断血管与肠系膜。应特别注意肠断端的肠系膜三角区出血的结扎。

（三）吻合方法

（1）修剪肠管断端肠系膜缘过多的脂肪,以便在肠吻合时能看清肠系膜侧的肠壁。

（2）肠系膜侧和对肠系膜侧装置牵引线,用丝线或铬制肠线,在肠系膜缘的肠壁外,距肠断缘 3 mm 处的浆膜面上进针,通过肠壁全层,在肠腔内的黏膜边缘处出针,然后针转到对边黏膜边缘进针,针呈一定角度通过黏膜下层、肌层,在距肠断缘 3mm 处的浆膜上出针,然后打结并留长线尾作为牵引线。在对肠系膜侧做同样的缝合作为牵引线。

（3）肠后壁的简单间断缝合,在肠系膜侧向对肠系膜侧缝合肠后壁。在距肠断端 3 mm 处的浆膜上进针,向肠腔的黏膜缘出针,针再转入对边肠壁的黏膜缘进针,在距肠断端 3 mm 处的浆膜面出针打结,完成一个简单间断缝合。缝合至对侧肠系膜要进行数个针距 3 mm 的简单间断缝合。在缝合过程中不断地、适度地轻压外翻的黏膜,将有助于减轻黏膜外翻的程度。打结时,每一个线结都应使黏膜处于内翻状态。

（4）肠前壁的简单间断缝合。后壁缝合后,再按同样的缝合方法完成肠前壁的缝合。

（5）补针和网膜包裹。简单间断缝合之后,检查缝合是否有遗漏或封闭不全,可进行补针,直至确认安全为止,最后用大网膜的一部分将肠吻合处包裹并将网膜用缝线固定于肠管之上,这样将起到良好的保护作用。

（6）肠系膜缺损处用 4-0 号丝线进行间断缝合。

（四）关闭腹腔

将肠管还纳腹腔,常规闭合腹壁创口。

四、术后监护与护理

术后 48 h 禁止饲喂,大量输液,纠正水、电解质不平稳,配合全身应用抗生素以控制感染。48 h 后,先喂流质食物 3～4 日,然后逐步饲喂干性食物。

五、操作要点及注意事项

（1）以两把无损伤肠钳于距断端 3～4 cm 处分别夹持肠管断端,靠拢肠钳使两断端对齐。肠钳夹持小肠时方向应一致,并使小肠肠系膜缘对肠系膜缘,勿使肠扭转。为避免肠钳对肠管造成损伤,可由助手的食指和中指代替肠钳夹持肠管,以减轻损伤。

（2）肠吻合有多种缝合方式,不同缝合方式的区别主要在于缝合层次的不同,它们共同的要求是吻合处肠壁内翻和浆膜对合,防止肠壁黏膜外翻而影响愈合。常用的缝合方式有两层缝合法,即内层采用全层间断内翻缝合,外层采用浆肌层间断内翻缝合。

（3）检查肠管缝合是否严密均匀,有欠严密处应加针使之牢靠。检查吻合口是否通畅,吻合口大小以能通过拇指末节为宜。

六、实训结果观察与总结

观察实验动物术前、术中和术后的状态,并且做出实验总结。

思考题

1.简述肠管切除和断端吻合术的适应证和术式。

2.如何判断肠管是否坏死？

3.肠管切除和断端吻合术的术后并发症及处理方法是什么？

实训十三 **股骨干骨折术**

（一）骨折的诊断

开放性骨折可见皮肤及软组织损伤，有时形成创囊，骨折断端暴露于外，创口内变化复杂，常含有血凝块、碎骨片或异物等，比较容易做出诊断。而非开放性骨折发生后会出现一些特有的临床症状，主要有以下几种。

1. 肢体变形

骨折两断端因受外力、肌肉牵拉力和肢体重力等的作用而移位，常见的有成角移位、侧方移位、旋转移位、纵轴移位（包括重叠、延长或嵌入）等。骨折后的患肢呈弯曲、缩短、延长等异常姿势。诊断时可把健肢放在相同位置，仔细观察和测量肢体的有关长度并进行对比。

2. 异常活动

正常情况下，肢体完整而不活动的部位，在骨折后负重或做被动运动时，会出现屈曲、旋转等异常活动。但肋骨、椎骨、蹄骨、干骺端等部位的骨折，异常活动不明显或缺乏。

3. 骨摩擦音

骨折两断端互相触碰，可听到骨摩擦音或有骨摩擦感。但在不全骨折、骨折部肌肉丰厚、局部肿胀严重或断端间嵌入软组织时，通常听不到。骨骺分离时的骨摩擦音是一种柔软的捻发音。

4. 出血与肿胀

骨折时骨膜、骨髓及周围软组织的血管破裂出血，经创口流出或在骨折部发生血肿，加之软组织水肿，造成局部显著肿胀。肿胀的程度取决于受伤血管的大小、骨折的部位，以及软组织损伤的轻重。肋骨、髋骨、掌（跖）骨等浅表部位的骨折，肿胀一般不严重；臂骨、桡骨、尺骨、胫骨、腓骨等的全骨折，大都因溢血和炎症，肿胀十分严重，皮肤紧张发硬，致使骨折部不易摸清。随着炎症的发展，肿胀在伤后数日内很快加重，如不发生感染，十来天后肿胀逐渐消散。

5. 疼痛

骨折后骨膜、神经受损，患病动物即刻感到疼痛，疼痛的程度常随动物种类、受伤部位和骨折的性质而异。在安静时或骨折部固定后疼痛较轻，触碰骨断端或移动时疼痛加剧。患病动物有不安、避让的表现，出现全身发抖等症状。骨裂时，用手指压迫骨折部，呈现线状压痛。

6. 功能障碍

骨折后肌肉失去固定的支架以及剧烈疼痛而引起的不同程度的功能障碍，都在伤后立即发生。如四肢骨骨折时突发重度跛行，脊椎骨骨折伤及脊髓时可致相应区后部的躯体瘫痪等。但是发生不全骨折、棘突骨折、肋骨骨折时，功能障碍可能不显著。

诊断四肢长骨骨干骨折时,由一人固定近端后,另一人将远端轻轻晃动。若为全骨折,会出现异常活动和骨摩擦音,但是这样的诊断不能持续做或者反复做,以免加重骨折的程度,拍X光片可以确诊。

当有上述症状出现时,基本可以做出发生骨折的诊断结论,但骨折的类型和程度很难确定,需借助辅助诊断,如X射线检查。

(二)股骨干骨折的治疗

1. 闭合复位与外固定

整复前应该使病肢保持伸直状态。前肢可由助手以一手固定前臂部,另一手握住肘突用力向前方推,使病肢肘以下各关节伸直;后肢则由术者一手固定小腿部,另一手握住膝关节用力向后方推,肢体即伸直。

轻度移位的骨折整复时,可由助手将病肢远端进行适当牵引,术者对骨折部托压、挤按,使断端对齐、对正;若骨折部肌肉强大、断端重叠而整复困难,可在骨折段远、近两端稍远离处各系上一绳再加以牵引。

按"欲合先离,离而复合"的原则,先轻后重,沿着肢体纵轴做对抗牵引,然后使骨折的远侧端凑合到近侧端,根据变形情况整复,以矫正成角、旋转、侧方移位等畸形,力求达到骨折前的原位。复位是否正确,可以根据肢体外形,抚摸骨折部轮廓,在相同的肢势下,按解剖位置与对侧健肢对比,以观察移位是否已得到矫正。同时借助X射线检查确定。

由于骨折的部位、类型以及局部软组织损伤的程度不同,骨折端再移位的方向和倾向力也各不相同,因而局部外固定的形式也随之而异。临床常用的外固定方法有:

(1)夹板绷带固定法。

采用竹板、木板、铝合金板、铁板等材料,制成长、宽、厚与患部相适应,具有一定强度的夹板数条。包扎时,将患部清洁后,包上衬垫,于患部的前、后、左、右放置夹板,用绷带缠绕固定。包扎的松紧度,以不使夹板滑脱和不过度压迫组织为宜。为了防止夹板两端损伤患肢皮肤,里面的衬垫应超出夹板的长度或将夹板两端用棉纱包裹。

(2)石膏绷带固定法。

石膏具有良好的塑形性能,制成管型石膏与肢体接触面积大,不易发生压创,对于大、小动物的四肢骨折均有较好的固定作用。但用于大动物的管型石膏最好夹入金属板、竹板等加固。

实验前将石膏绷带用水浸湿,然后把复位的病肢断端用棉花包裹,从水中取出石膏绷带,挤去多余的水分,对病肢进行包扎,边包扎边洒石膏粉。小动物以12~18圈为宜,大动物要适当加多,以能够抵抗外界应力为止,必要时加入夹板。最后对外边进行修整,使外观光滑平整。

2. 切开复位与内固定

切开复位是用手术的方法暴露骨折部位并进行复位。复位后用对动物组织无不良反应的金属内固定物,或用自体或同种异体骨组织,将骨折部位固定,以达到治疗的目的。股骨干骨折的手术通路:切口位于股骨前外侧,起始于大转子与髂骨之间;分离皮下脂肪和浅筋膜,于股二头肌前缘分离阔筋膜;向后牵引股二头肌,向前牵引股外侧肌和阔筋膜,显露股骨干;沿股骨干前、后缘分离股直肌和外展肌,使其充分游离(图13-1)。股骨干骨折一般用接骨板和髓内针固定。

（1）接骨板固定法。

接骨板固定法是用不锈钢接骨板和螺丝钉固定骨折段的内固定法。应用这种固定法损伤软组织较多，需剥离骨膜再放置接骨板，对骨折端的血液供应损害较大，但与髓内针相比，可以保护骨痂内发育的血管，有利于形成内骨痂。接骨板固定法适用于长骨骨体中部的斜骨折、螺旋骨折、尺骨肘突骨折，以及严重粉碎性骨折、老龄动物骨折等，是内固定中应用最广泛的一种方法。

首先对动物局部剪毛后常规消毒，然后切开皮肤，分离肌肉，剥离骨膜，复位骨折断端，根据骨折类型选择接骨板（特殊情况下需自行设计加工）。然后固定接骨板的螺丝钉，其长度以刚能穿过对侧骨密质为宜，过长会损伤对侧软组织，过短则达不到固定目的。为防止接骨板弯曲、松动甚至毁坏，螺丝钉的钻孔位置和方向要正确。最后缝合骨膜、肌肉和皮肤。必要时配合外固定。

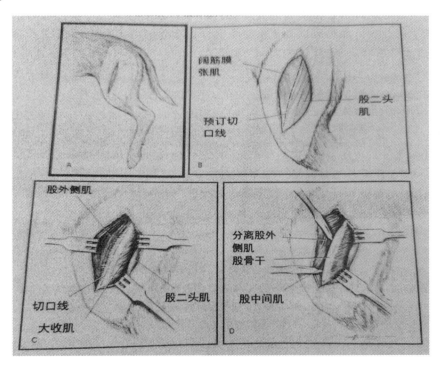

图 13-1　股骨干骨折切开复位

（2）贯穿术固定法。

首先对骨折的断端进行复位，并借助 X 射线确定复位情况。固定后绷紧局部皮肤，剪去被毛后常规消毒。在皮肤上切开一个小口，用手动骨钻钻透两层骨密质，于对侧皮肤做同样切口，用不锈钢骨栓横贯骨折段的远、近两端，然后插入带有螺丝帽的骨栓，再分别装上螺丝帽固定。在同一轴线上的螺丝帽间用粗丝线或塑料管串联起来，并用临时配制的塑料粉糊剂涂抹，硬化后即可加固各个骨栓间的连接。经 6 周到 3 个月不等，待骨痂形成后拔除骨栓。也可以不锈钢丝、石膏硬化剂或金属板将骨栓牢固连接。

（3）骨螺丝固定法。

本法适用于骨折线长于骨直径 2 倍以上的斜骨折、螺旋骨折、纵骨折及干骺端的部分骨折。根据骨折的部位和性质,必要时,应并用其他内固定或外固定法,以加大固定的牢固性。骨螺丝有骨密质用和骨松质用两种,前者在螺钉的全长上均有螺纹,主要用于骨干骨折;后者的螺纹只占螺钉全长的 1/2～2/3,螺纹较深,螺距较大,多用于干骺端的部分骨折。

本法用于骨干的斜骨折时,螺丝插入的方向为把骨表面的垂线与骨折线的垂线所构成的角度分为二等分的方向。必要时,用两根或多根螺丝才能将骨折段确实固定。使用骨螺丝时,先用钻头钻孔,钻头的直径应较螺丝钉直径略小,以增强螺丝钉的固定力。

(4)髓内针固定法。

髓内针固定法是将特制的金属针插入骨髓腔内固定骨折部的方法。本法术式简单,组织损伤较小,且髓内针可回收利用,比较经济。这种方法普遍适用于小动物的长骨骨折、髋骨骨折,对驹和犊等也可使用,但需临时加工制作较粗大的髓内针。临床上常用髓内针固定臂骨、股骨、桡骨、胫骨的骨干骨折,适用于骨折端呈锯齿状的横骨折或斜面较小且呈锯齿形的斜骨折等,特别是对骨折断端活动性不大的安定型骨折尤为适用。不安定型骨折因易发生骨折断端转位,一般不用此法。而粉碎性骨折由于不能固定粉碎的游离骨片,也不适于应用此法。

常用的髓内针有各种类型,针的断面有圆形的,也有三叶草形、"V"字形或菱形的,还有一端带钩的弯曲形 Rush 针。这些针又按粗细、长短的不同分成各种型号。用于小动物的各种髓内针,其尖端有棱锥形的、扁形的和带螺纹的。带螺纹的髓内针可拧入骨端的骨质内,能使骨折断面间密切接触,并产生一定的压力。选择髓内针时,尽可能选用与骨髓腔的内径粗细大致相同的针。对于安定型骨折,选用断面呈圆形的髓内针比较方便。对于不安定型骨折,如需用髓内针,可选择带棱角的,能防止断骨的旋回转位,也可使用 Rush 针,通常是从骨的一端插入 2 条,使刺入部、骨折部与骨的另一端呈 3 点固定。如果单用髓内针得不到充分固定,可考虑并用金属针做全周或半周缝合,以加强固定效果。

开放性骨折和非开放性骨折均可应用髓内针固定。用于非开放性骨折时,一般从骨的一端造孔,将髓内针插入。用于开放性骨折时,既可从骨的一端插入,也可从骨断端插入,先做逆行性插入,再做顺行性插入。

(5)钢丝固定法。

一般使用不锈钢丝,可根据骨折的具体情况,采用缠绕法或钻孔后缝合法固定骨折部。

(三)功能锻炼

功能锻炼可以改善局部血液循环,促进骨质代谢,加速骨折修复和病肢的功能恢复,防止产生广泛的病理性骨痂、肌肉萎缩、关节僵硬、关节囊挛缩等后遗症。它是治疗骨折的重要组成部分。骨折的功能锻炼包括早期按摩、对未固定关节做被动的伸屈活动、牵行运动及定量使役等。

血肿机化演进期:伤后 1～2 周内,病肢局部肿胀、疼痛,软组织处于修复阶段,容易再发生移位。功能锻炼的主要目的是促进伤肢的血液循环和消肿。可在绷带下方进行搓擦、按摩,以及对肢体关节做轻度的伸屈活动。可同时涂擦刺激药。这一时期的最初几天,通常要协助起卧,要十分注意对侧健肢的护理。

原始骨痂形成期:一般骨折 2 周以后局部肿胀消退,疼痛消失,软组织修复,骨折端已被纤维连接,且正在逐渐形成骨痂。此期的功能锻炼可改善血液循环,减少并发症。

骨痂改造塑型期:当已开始正常用病肢着地负重时,可逐步进行定量轻役,以加强患肢的主动活动,促使各关节恢复正常功能。

（四）骨折的药物疗法和物理疗法

为了加速骨痂形成,增加钙质和维生素亦是必要的。可在饲料中添加骨粉、碳酸钙等。幼犬骨折时可补充维生素 A、D 或鱼肝油。必要时可静脉补充钙剂。

骨折愈合的后期常出现肌肉萎缩、关节僵硬、骨痂过大等后遗症。可进行局部按摩、搓擦,增强功能锻炼,同时配合物理疗法如石蜡疗法、温热疗法、直流电钙离子透入疗法、中波透热疗法及紫外线治疗等,促使早日恢复功能。

注意事项

1.骨折诊断时切勿幅度过大,以免加重骨折程度。

2.各种骨膜手术治疗要保持骨膜的完整性与活力;要使骨折断端密切对接,固定要确实。

3.外固定绷带要松紧适宜,以防过紧引起局部循环不良,造成不愈合或延迟愈合。

犬猫临床病例

一、犬瘟热

(一)犬瘟热的症状

多数犬瘟热病例表现为上呼吸道感染症状,体温升高(39.5～41.0 ℃),食欲降低,精神不佳,眼鼻流水样分泌物,持续 1～2 天后症状有所减轻,体温趋于正常,精神、食欲有所好转。3～4 天后体温又出现升高,病情迅速恶化,不吃不喝,流脓性鼻涕,眼分泌物增多甚至糊满眼周,有些伴有角膜穿孔。严重的肺炎、肠炎症状亦随之而来。

少数病例以消化道症状为主,食欲降低、呕吐、排水样便或黏便,严重时出现血便,病犬极度脱水,消瘦,与犬细小病毒症状十分相似,但没有细小病毒病发病迅速。病程约持续 7～10 天,有些病犬同时伴有温和的上呼吸道症状。

犬瘟热的神经症状是该病的较有特点的症状之一,其出现有三种情况:①在全身症状恢复后 7～21 天出现;②刚开始发热时就表现出来;③在严重的全身症状出现后伴随出现。病犬轻则口唇、眼睑、耳根、某一前肢或后肢局部抽动,重则流涎、空嚼、口吐白沫、倒地抽搐,呈癫痫样发作。抽搐停止后有的出现狂吠、转圈、冲撞,持续时间数秒到数分钟不等,发作次数也由每天几次发展到十几次。病犬多半预后不良,有的伴随后躯无力,肢体、面部局部抽动等后遗症。有的病犬在全身症状发作时伴有鼻镜干裂,四脚脚垫肿胀、过度增生、角化,形成硬脚垫病。少数病犬腹部皮肤还可出现豆状丘疹。

(二)犬瘟热的诊断

临床上犬瘟热确诊较为困难,因为病原学和血清学诊断有一定的局限性,故一般根据流行病学和临床症状做出初步诊断。根据临床经验,若同时出现以下症状中的两种,就要首先怀疑犬瘟热。

(1)双相热。即发病初期体温升高(39.5～41 ℃)1～2 天,后趋于正常,3～4 天后又再次发热。

(2)病情迁延不愈。对症治疗效果不明显,如初期轻微的咳嗽、流涕症状通过消炎治疗收效甚微,有时反而恶化,甚至转归肺炎;呕吐、拉稀通过多日输液消炎,仍无法得到彻底控制(但必须先排除犬细小病毒)。

(3)双眼结膜炎。眼睛有黏性脓性分泌物。

(4)神经症状。大多数病犬在发病的中后期唇、眼睑肌肉或咬肌出现抽搐的现象。有些病犬,特别是小型犬易出现转圈、踏脚、空嚼的神经症状。病犬单侧或双侧后肢无力、步伐摇摆,最后发展为两后肢失去知觉、不能站立。有些学者把犬瘟热的神经症状分为摇头吐沫型、转圈冲撞型、全身抽搐型、麻痹瘫痪型、颈斜侧倒型、微抖震颤型、敏感惊厥型。

(5)皮肤症状。在犬瘟热慢性型病犬中,一般下腹部出现脓性、水疱性皮疹,足垫出现角化过度的现象。

(三)犬瘟热的治疗

治疗原则为控制细菌继发感染,维持体液平衡以增强抵抗力,控制神经症状。方法包括使用抗生素,补充电解质液、水解蛋白,给予优质饲料,解热,鼻腔用药,镇静,解痉。一定要在尽早大剂量使用犬瘟热(CD)高免疫血清的同时,注意可能随时出现的呼吸道和消化道细菌继发感染,并进行以预防继发感染为中心的对症治疗和增强机体免疫功能的治疗,有条件的最好通过对所感染病原的药敏实验,来选择所用药物,及时注射适当的抗生素。除高免血清外,还可试用 CD 特意转移因子与犬白细胞干扰素进行治疗。

对于因出现腹泻而脱水的病犬,需补充体液和电解质;对于表现出神经症状的病犬,在治疗意义不大,症状进一步恶化的情况下,可考虑施行安乐死。

(四)犬瘟热的预防

关于犬瘟热的免疫程序,年龄大于 3 个月的幼犬给予一个剂量的免疫,小于 3 个月的幼犬,应给予两个以上剂量的免疫,每个剂量以 2 周的间隔进行肌肉注射。每个剂量含犬瘟热病毒量为 $10^{4.5}$ TCID50。

影响 CD 弱毒疫苗免疫效果的因素较多,首先是免疫的时机,免疫时机的选择很重要,最理想的办法是根据母犬血清 CD 中和抗体水平与幼犬吮乳情况来决定其首免日龄。母犬 CD 抗体水平很低或生后因某种原因未食初乳的幼犬,2 周龄时即可首次免疫接种。没有条件进行母犬抗体水平监测的,可根据具体情况而定。防疫条件好的或非疫区可于 8～12 周龄起,每隔 2 周重复免疫 1 次,连续免疫 2～3 次较为理想。对于疫区受 CD 感染威胁的犬,有条件的可先注射一定剂量的 CD 高免血清做紧急预防,7～10 d 后再接种疫苗。为防止在等待母源抗体下降期间感染发病,可于断奶时进行首次免疫。为防止母源抗体对免疫作用的干扰,可适当增加以后的免疫剂量与次数。为防止免疫犬在产生免疫力之前感染发病,注射疫苗期间,一定要加强防疫措施,严防其与病犬或可疑病犬接触。新引进的犬,一定要隔离检查;原有的犬,尤其是种犬和曾经感染过犬瘟热的犬,需定期进行抗体检查和 CDV 带毒检查。

二、犬细小病毒病

(一)流行病学

犬细小病毒对犬具有高度的接触性传染性,各种年龄的犬均可感染。其中以刚断乳至 90 日龄的犬发病较多,病情也较严重。幼犬有的可呈现心肌炎症状而突然死亡。本病一年四季均可发生,但以天气寒冷的冬春季多发。病犬的粪便中含毒量最高。

(二)临床症状

犬细小病毒病在临床上可分为肠炎型和心肌炎型。

1.肠炎型

自然感染的潜伏期为 7～14 天,病初表现为发热(40 ℃以上)、精神沉郁、不食、呕吐。初期呕吐物为食物,随之呈黏液状、黄绿色或有血液。

发病一天左右开始腹泻。病初粪便呈稀状,随病情发展,粪便呈咖啡色或"番茄酱"状的血便。以后次数增加、里急后重,血便带有特殊的腥臭气味。血便数小时后病犬表现严重脱水症状,眼球下陷,鼻镜干燥,皮肤弹力高度下降,体重明显减轻。对于肠道出血严重的病例,肠内容物腐败可造成内毒素中毒和弥散性血管内凝血,使机体休克、昏迷死亡。病犬的白细胞数可减少至 $60\%\sim90\%$(由正常犬的 1.2 万/立方毫米减至 4000 个以下)。

2.心肌炎型

多见于 40 日龄左右的犬,病犬先兆性症状不明显。有的突然呼吸困难,心力衰弱,短时间内死亡;有的可见轻度腹泻后死亡。通常可根据上述流行特点、临床症状做出初步诊断。在临床上应注意观察病犬是否有呕吐和腹泻。如果要进一步确诊,应早期采取病犬腹泻物,用 0.5% 的猪红细胞悬液,在 4 ℃或 25 ℃按比例混合,观察其对红细胞的凝集作用。必要时也可将粪便样品送检验单位做电镜检查,进行确诊。

(三)病理变化

1.肠炎型

血液黏稠且呈暗紫色,肠管以空肠和回肠病变最为严重,内含酱油色恶臭内容物,肠壁增厚,黏膜下水肿。黏膜弥漫性或局灶性充血,有的呈斑点状或弥漫性出血。大肠内容物稀软,呈酱油色,有恶臭;黏膜肿胀,表面散在针尖状出血点。结肠肠系膜淋巴结肿胀、充血。肝大,色泽红紫,散在淡黄色病灶,切面流出多量暗紫色不凝血液。胆囊高度扩张,充满大量黄绿色胆汁,黏膜光滑。心包积液,心肌黄红色变性,肺局灶性水肿。

2.心肌炎型

肺水肿,局部充血、出血,呈斑驳状。心脏扩张,左侧房室松弛,心肌和心内膜可见非化脓性坏死灶,心肌纤维严重损伤,可见出血性斑纹。

(四)治疗

(1)犬细小病毒病早期应用犬细小病毒高免血清治疗。

(2)对症治疗:补液疗法,用等渗的葡萄糖盐水加入 5% 碳酸氢钠注射液给予静脉注射。可根据脱水的程度决定补液量的多少。

(3)消炎、止血、止吐。庆大霉素 1 万单位/千克体重、地塞米松 0.5 毫克/千克体重混合肌肉注射,或卡那霉素 5 万单位/千克体重与塞米松混合肌肉注射。

(五)防治

(1)平时应搞好免疫接种。国内生产的犬细小病毒病灭活疫苗都与其他疫苗联合使用。使用犬五联弱毒疫苗时,对 30~90 日龄的犬应注射 3 次,90 日龄以上的犬注射 2 次即可,每次间隔为 2~4 周。每次注射 1 个剂量(2 毫升),以后每半年加强免疫 1 次。使用犬肝炎、肠炎二联苗时,对 30~90 日龄的犬应免疫 3 次,90 日龄以上的犬免疫 2 次,每次间隔为 2~4 周,每次注射 1 毫升。

(2)当犬群暴发犬细小病毒病后,应及时隔离。对犬舍和饲具,用 2%~4% 烧碱、1% 福尔马林、0.5% 过氧乙酸或 5%~6% 过氯酸钠(32 倍稀释)反复消毒。

(3)对于轻症病例,应采取对症疗法和支持疗法。对于肠炎型病例,因脱水和失盐过多,及时、适量地补液显得十分重要。为了防止继发感染,应按时注射抗生素。也可应用抗犬细小病毒高免血清进行治疗,其用量为:每犬皮下或肌肉注射 5～10 毫升,每日或隔日注射 1 次,连续 2～3 次。

三、猫传染性腹膜炎

(一)症状

猫冠状病毒(FCOV)感染导致的肠炎症状较轻,呈亚临床感染,主要发生在断奶后的仔猫。某些病例可能发生 1 周左右的暂时性呕吐及轻度或较严重的腹泻。在猫传染性腹膜炎(FIP)病例初期,湿性 FIP 和干性 FIP 症状相似,包括发热、沉郁、食欲不振、嗜睡,有时腹泻,随后出现典型的症状。湿性 FIP 较干性 FIP 发展快,两种 FIP 均出现慢性、波动性发热,缺乏食欲和丧失体重。在干性 FIP 病例,发热可能持续更久,病猫生长缓慢、反应迟钝。随着病程发展,75% 的病猫出现腹水,25% 出现胸腔渗出液,心包液增多,导致呼吸困难和沉闷心音。公猫阴囊变大,患病后期累及肝脏,出现黄疸。

患干性 FIP 病猫的各种器官出现肉芽肿,并出现相应的临床症状。其中腹腔器官如肝、肠系膜淋巴结等受影响最严重。肾也出现病变,其他受影响部位包括中枢神经系统和眼,病猫呈现共济失调、轻度瘫痪等行为改变,定向力障碍,眼球震颤,癫痫发作,感觉过度敏感及外周神经炎等。典型的眼病引发眼色素层炎症(如虹膜炎、前色素层炎)、脉络膜炎及视网膜炎等。有时眼部病变是本病唯一的临床表现。

干性和湿性 FIP 常被描述为两种不同的综合征。但某些患猫同时具有两种综合征表现。湿性 FIP 中只有 10% 的病猫具有中枢神经系统和眼部症状。少数患干性 FIP 的病猫出现腹水。此外,有些干性 FIP 可发展成湿性 FIP。

(二)诊断

FIP 因病毒分离较为困难,故通常不采用常规诊断方法,采用 RT-PCR 技术可检测出 FCoV 特异性 RNA,但在判定结果时,要注意无症状猫的粪便中也存在少量的冠状病毒。

FIP 唯一确诊方法是组织病理学检查。湿性 FIP 比干性 FIP 易诊断。湿性 FIP 出现典型的胸腔和腹腔积液,积液呈淡黄色、黏稠、蛋白含量高,摇晃时易出现泡沫,静置可发生凝固,含有中等量的炎性细胞,包括巨噬细胞和中性粒细胞等。具有中枢神经系统和眼部病变的患猫,脑脊髓液和眼房液中的蛋白质含量增加。

(三)防治

目前尚无有效的预防与治疗措施。

四、犬糖尿病

(一)临床症状

犬糖尿病的典型症状是"三多一少",即多饮、多尿、多食和体重减少,有此症状的犬可初步诊断为糖尿病。病初临床表现为代偿性多尿、渴欲增加。随病情发展,出现食欲亢进和口腔异味,进食量剧增,但体重减轻,出现进行性消瘦。病犬易疲劳,喜卧,运动耐力下降,随后会出现厌食、沉郁、呕吐、脱水、呼吸急促,呼出气体带有烂苹果味(丙酮味),严重时还会出现昏迷状态。临床经常可见白内障、运动系统障碍等并发症。

(二)病理变化

实验室检查项目如下：①血糖。患糖尿病的犬空腹血糖浓度在 8.4 mmol/L 以上（正常犬为 3.9～6.2 mmol/L），血糖 6.2～11.1 mmol/L 为葡萄糖含量异常。患糖尿病的犬尿糖呈强阳性，尿比重增加，且尿液中不含炎性细胞和红细胞，尿酮体为阳性。②葡萄糖耐量试验。在患犬禁食 12 h 后口服或静注葡萄糖，检测其之前和之后的血糖水平，正常犬在 0.5～1 h 内出现高峰，2～3 h 后即恢复到空腹水平。但患犬血糖值升高明显，且持续不降低。③胰岛素测定。测定血清胰岛素水平，患 IDDM Ⅰ 型糖尿病犬的胰岛素水平下降或不能测出，患 NIDDM Ⅱ 型糖尿病犬的胰岛素水平可在正常范围或高于正常范围。④血清果糖胺测定。犬的正常参考值为 1.70～3.38 mmol/L，糖尿病犬血清果糖胺浓度明显高于正常值。

(三)治疗

糖尿病的治疗原则是降低血糖，纠正离子平衡及酸碱平衡。

口服降糖药：磺酰脲类药物主要刺激胰岛 β 细胞释放胰岛素，因而适用于对葡萄糖负荷有可测得胰岛素反应的糖尿病犬，但不适用于胰岛素依赖型糖尿病，以及酮中毒和心、肝、肾功能不全的病例。双胍类药物的作用是促进周围组织对葡萄糖的摄取，加速细胞的无氧酵解，与磺酰脲类药物联合应用具有协同作用。休克、心肝肾功能不全者禁用。常用药为苯乙双胍（降糖灵）。

胰岛素治疗：目前，市场上的宠物用胰岛素为 Caninsulin，它是一种纯化猪胰岛素锌的无菌混悬液，每 1 ml 含纯化猪胰岛素 40 IU。用于降低糖尿病犬的高血糖和缓解与高血糖相关的临床症状。

体液疗法：当出现酮酸中毒（血清碳酸根低于 12 mmol/L）和高渗性糖尿病时，应马上实施体液疗法。应用 5% 碳酸氢钠纠正酸中毒，用葡萄糖氯化钠进行静脉补液，并用氯化钾进行适时补钾，以血清钾浓度为基础按 0.5 mmol/kg・bw・h 的速度进行补充。

(四)防治

结合使用食物疗法和胰岛素注射可减少胰岛素的日需要量、改善血糖控制和减少糖尿病并发症的发生。症状较轻时可喂给低脂肪的食物（犬糖尿病处方粮），禁糖，充分饮水，如果饮水减少，则表明治疗有效。此外，可给予低碳水化合物的食物，如肉类、牛奶等，补充足量的 B 族维生素，饲喂定时定量，少食多餐。在制定食物疗法标准时须考虑纠正或预防肥胖、适当的饲喂方案、选用使餐后高血糖效应减少到最低限度和增强胰岛素作用的饲料。据报道，红南瓜是治疗糖尿病的最佳食物，常吃有明显的降低血糖作用。

五、子宫积脓

(一)病因

由内分泌因素和病原菌的感染而造成狗的子宫腔内蓄积大量的脓性分泌物。

(二)诊断要点

病犬的表现为精神沉郁，食欲减退或不食，病情一般时，其体温正常。当病犬发生脓毒血症时，其体温升高，伴有呕吐、喜饮水、多尿、夜尿和性周期紊乱，其被毛也无光。患有闭锁型子宫积脓的病犬，其腹围增大，触诊腹部可感知胀满的子宫角。患开放型子宫积脓的病犬，其阴道可流出大量灰黄或红褐色的脓液,有腥臭味。本病的诊断,可根据临床症状,再经 X 射线检查和 B 超检查得出结论。

(三)防治措施

(1)手术疗法:实施卵巢、子宫全切除手术。在手术中先用 5% 葡萄糖溶液 300～500 毫升,维生素 C 1 克,林格氏液 300～500 毫升,1 次静脉注射。手术后用青霉素,每天按每千克体重 10 万单位,链霉素 25 毫克,1 次肌肉注射,每天 2 次,连用 5～7 天。5～7 天即可拆线。

(2)保守疗法:对于轻度早期子宫积脓,可用己烯雌酚 0.2～0.5 毫克,1 次肌肉注射,而后用导尿管插入子宫内,用 0.1% 依沙吖啶溶液反复冲洗,每天 1 次,连用 3 天～5 天。或用头孢霉素,按每千克体重 35 毫克,葡萄生理盐水 300 毫升,混合后 1 次静脉注射,每天 1 次,连用 4 天。

(3)药物疗法:其目的是促进子宫内容物的排出及子宫的复旧,控制或防止发生感染,继而增强机体的抵抗力。

①静脉补液,可治疗休克,纠正脱水和电解质及酸碱异常。全身使用广谱抗生素。

②前列腺素(PG)治疗,可按每千克体重 250 微克的剂量进行皮下或肌肉注射,对宫颈口开张的病例效果更好。应同时使用抗生素。

③催产素和麦角制剂可用来治疗开放型子宫蓄脓。使用催产素前,必须先用雌激素敏化子宫,以便提高疗效。

思考题

1.目前,犬瘟热的治疗有哪些方法?

2.哪些中兽药有助于治疗犬瘟热?

3.子宫积脓的犬,术后如何护理?

1. 神经系统药物

药物	用途	应用注意	用法与用量
尼可刹米	尼可刹米可直接兴奋延脑呼吸中枢,也可通过颈动脉体和主动脉体化学感受器而反射性地兴奋呼吸中枢。当呼吸中枢处于抑制状态时,作用较为明显。主要用于解救由各种中枢抑制药(如麻醉药)或疾病所引起的中枢性呼吸抑制,以及加速麻醉动物的苏醒,也可解救一氧化碳中毒、溺水和新生仔畜窒息等	(1)本品用量过大时可引起心悸、出汗、呕吐,严重时可出现震颤及肌肉僵直,应及时停药,以防惊厥的发生。本品过量时可使用苯二氮卓类药物、小剂量硫喷妥钠对症处理。 (2)兴奋作用后,常出现中枢神经系统抑制现象	尼可刹米注射液,皮下、肌内或静脉注射:一次量,犬猫 0.125～0.5 g
咖啡因	(1)咖啡因作为中枢兴奋药,主要用于加速麻醉药的苏醒过程,解救中枢抑制药和毒物的中毒,以及某些传染病所引起的呼吸中枢抑制和昏迷等。 (2)咖啡因作为强心剂,用于治疗各种疾病所引起的急性心力衰竭,在伴有精神沉郁、水肿、过劳、全身衰竭时使用更为适宜	(1)心动过速(100 次/分以上)或心律不齐时,慎用或禁用。 (2)因用量过大或给药过频而发生中毒(惊厥)时,可用溴化物、水合氯醛或巴比妥类药物解救。但不能使用麻黄碱或肾上腺素等强心药物,以防毒性增强	安钠咖片,内服:一次量,犬 0.2～0.5 g,猫 0.1～0.2 g。 安钠咖注射液,静脉、皮下或肌内注射:一次量,犬 0.1～0.3 g,猫 0.03～0.1 g,每日 1～2 次,重症可隔 4～6 h 给药一次
氯丙嗪	氯丙嗪为吩噻嗪类镇静药的代表药物。可用于镇静、麻醉前给药、解除平滑肌痉挛、镇痛、降温、抗休克等;在高温季节长途运输畜禽时用本品可减少死亡率。母猪分娩后,作为无乳症的辅助治疗	(1)本品刺激性大,可加 1% 普鲁卡因做深部肌内注射。静脉注射时应进行稀释,速度宜慢。 (2)药物稀释至 pH 值为 6 时最为稳定,应避免与碱性药物配伍,以免发生氧化与沉淀。 (3)本品应避光保存,药液轻度变黄对活性影响不大,药液浑浊时不可使用	盐酸氯丙嗪片,内服:家畜 3 mg。 盐酸氯丙嗪注射液,猫肌内注射犬 1～3 mg,静脉注射 0.5～1 mg

续表

药物	用途	应用注意	用法与用量
地西泮	地西泮(安定)为苯二氮卓类镇静药。可作为猪、牛的催眠药、肌肉松弛药以及麻醉前给药等,有利于外科手术的进行。可制止野生动物的攻击行为。安定与氯胺酮并用还能作为野生动物的化学保定药	(1)肝、肾功能障碍的患畜慎用。孕畜忌用。 (2)本品与其他药物的配伍非常容易出现问题,通常禁止与其他注射药物在注射器、容器或静脉输注管道中混合	地西泮片,每千克体重,犬 5～10 mg,猫 2～5 mg。 地西泮注射液,肌内、静脉注射:犬、猫 0.6～1.2 mg
氯胺酮	氯胺酮是一种镇痛性麻醉药。兽医临床主要用于不需肌肉松弛的麻醉、短时间的手术及诊疗处置。如与赛拉嗪或芬太尼配合应用,能够延长麻醉时间并有肌松效果。用于妊娠绵羊的麻醉,不影响呼吸和支气管分泌,较为安全。也可用作野生动物的化学保定,制止野生动物的攻击和反抗,便于临床检查和治疗。灵长类动物用药后能使性情温驯	(1)本品应在室温下避光保存。 (2)动物应用前需停食半天至一天,并注射阿托品以防支气管分泌物增多而造成异物性肺炎。 (3)动物苏醒后不易自行站立,呈反复起卧,需注意护理。应用本品易出现苏醒期兴奋,如与硫喷妥钠并用,可以消除	镇静性保定,肌内注射:一次量,每千克体重,犬 5～7 mg,猫 8～13 mg
二甲苯胺噻嗪	二甲苯胺噻嗪(隆朋、赛拉嗪)为镇痛性化学保定药。兽医临床多以小剂量用于牛、马等多种动物以及野生动物的化学保定,使兴奋、骚动、不易控制的动物安定,便于诊疗、长途运输、伤口拆线、换药及进行子宫复位、食道切开、穿鼻等小手术。大剂量或配合局部麻醉药,用于去角、锯茸、去势、腹腔手术等。 与水合氯醛、硫喷妥钠或戊巴比妥钠等全身麻醉药合用,可减少全麻药的用量和增强麻醉效果	(1)静脉注射正常剂量的赛拉嗪,可发生心脏传导阻滞,心排血量减少,可在用药前先注射阿托品。 (2)对犬、猫可引起呕吐。 (3)本品对子宫有一定的兴奋作用,妊娠后期动物不宜应用	盐酸赛拉嗪注射液,肌内注射:犬、猫 1～2 mg

2. 呼吸系统药物

药物	用途	应用注意	用法与用量
喷托维林	喷托维林(咳必清、维静宁)为非成瘾性中枢性镇咳药。临床上适用于急性呼吸道炎症引起的干咳,也常与祛痰药合用于伴有剧咳的呼吸道炎症	(1)由于本品有阿托品样作用,大剂量应用时易产生腹胀、便秘。 (2)多痰性咳嗽、心脏功能不全并伴有肺部淤血病畜忌用	枸橼酸喷托维林片,内服:一次量,犬、猫 0.05～0.1 g,一日 2～3 次
氨茶碱	氨茶碱主要用于痉挛性支气管炎、支气管哮喘,亦可用于预防或缓解麻醉过程中意外发生支气管痉挛	(1)本品碱性较强,局部刺激性大,不可皮下注射,应深部肌内注射或静脉注射。 (2)静脉注射宜用葡萄糖注射液将本品稀释至 2.5% 以下的浓度,缓缓从静脉注入。 (3)氨茶碱不可配伍药物混合注射	氨茶碱片,内服:犬、猫 10～15 mg。 氨茶碱注射液,静脉或肌内注射:一次量,犬 0.05～0.1 g

3. 血液循环系统药物

药物	用途	应用注意	用法与用量
维生素 K_3	维生素 K_3 主要用于治疗畜禽因维生素 K 缺乏所引起的出血性疾病。在解救杀鼠药"敌鼠钠"中毒时,宜用大剂量	(1)维生素 K_3 可损害肝脏,肝功能不良病畜应改用维生素 K_1。 (2)临产母畜大剂量应用,可使新生仔畜出现溶血、黄疸或胆红素血症。 (3)人工合成的维生素 K_3 和 K_4 具有刺激性,长期应用可刺激肾而引起蛋白尿。 (4)维生素 K_3 注射液遇光易分解,遇酸碱易失效,宜避光防冻保存	维生素 K_3 注射液,肌内注射:一次量,犬 10～30 mg,猫 1～5 mg

续表

药物	用途	应用注意	用法与用量
酚磺乙胺	酚磺乙胺(止血敏)适用于各种出血,如内脏出血、子宫出血及手术前预防出血和手术后止血	(1)预防外科手术出血,应在术前15～30 min用药。必要时可每隔2 h注射1次,也可与维生素K₃或6-氨基己酸等配合应用。 (2)止血敏在碱性溶液中变色(氧化反应),并降低止血效力(如加入维生素C,既可防止变色、又能保持止血效力)	酚磺乙胺注射液,肌肉、静脉注射:一次量,犬0.25～0.5 g,1日2～3次
肝素	肝素在体内外均有抗凝血作用。用于: (1)小动物的弥散性血管内凝血的治疗。 (2)各种急性血栓性疾病。 (3)输血及检查血液时体外血液样品抗凝。 (4)各种原因引起的血管内凝血	(1)本品刺激性强,肌内注射可致局部血肿,应酌量加盐酸普鲁卡因溶液。 (2)用量过多可致自发性出血,可静脉注射鱼精蛋白进行对抗。通常1 mg鱼精蛋白在体内中和100 IU肝素。用量需与所用肝素(最后一次使用量)相当,由静脉缓缓注入。 (3)禁用于出血性素质和伴有血液凝固延缓的各种疾病,慎用于肾功能不全动物,孕畜,产后、流产、外伤及手术后动物。 (4)肝素化的血液不能用作同类凝集、补体和红细胞脆性试验。 (5)肝素钠稀释于5%葡萄糖时活性可能会降低	肝素钠注射液,肌肉、静脉注射:犬150～250 IU,猫250～375 IU。 体外抗凝:每500 mL血液用肝素100 IU。 实验室血样:每1 mL血样加肝素10 IU
枸橼酸钠	枸橼酸钠(柠檬酸钠)仅用于体外抗凝血。本品可用于输血或化验室血样抗凝	大量输血时,应注射适宜钙剂,以预防低钙血症	一般配制成2.5%～40%灭菌溶液,在每100 mL全血中加10 mL,即可使血液不再凝固
右旋糖酐铁	右旋糖酐铁注射液适用于重症缺铁性贫血或不宜内服铁剂的缺铁性贫血。兽医临床常用于仔猪缺铁性贫血	(1)本品需冷藏,久置可发生沉淀。 (2)本品不主张同其他药物配伍使用。 (3)急性中毒解毒时可肌内注射去铁胺,剂量20 mg/kg体重,每4 h一次。 (4)肌内注射时可引起局部疼痛,应深部肌注	右旋糖酐铁片,内服:一次量,犬20～200 mg

4. 消化系统药物

药物	用途	应用注意	用法与用量
氯化钠	临床用于动物食欲不振,消化不良,治疗早期大肠便秘。10%氯化钠溶液静脉注射,用于牛前胃弛缓、瘤胃积食、肠便秘等;外用洗涤创伤。等渗生理盐水可以洗眼,冲洗子宫等,也可用于稀释其他注射液	本品毒性虽然较小,但动物中以猪和家禽较为敏感,易发生中毒	内服:一次量,犬 2～5 g。 10%氯化钠高渗灭菌水溶液,静脉注射 0.1 g/kg 体重。注射速度宜缓慢,心衰动物慎用
大黄	大黄临床常用作健胃药和泻药,如用于食欲不振、消化不良		大黄末,内服:一次量,健胃,犬 0.5～2 g;致泻,犬 2～4 g。 大黄苏打片,内服:犬猫 0.6 g
碳酸氢钠	碳酸氢钠临床常用于健胃、缓解酸中毒、碱化尿液、祛痰	本品为弱碱性药物,禁止与酸性药物混合应用。在中和胃酸后,可继发性引起胃酸过多	碳酸氢钠片,内服:一次量,犬猫 0.5～2 g
硫酸钠	硫酸钠(芒硝)临床上小剂量内服用于消化不良,常配合其他健胃药使用。大剂量主要用于大肠便秘,排除肠内毒物、毒素,或作为驱虫药的辅助用药。10%～20%硫酸钠溶液,常外用冲洗化脓创和瘘管等	用时加水稀释成 3%～4%溶液灌服。浓度过高的盐类溶液进入十二指肠后,会反射性地引起幽门括约肌痉挛,妨碍胃内容物的排空,有时甚至能引起肠炎	犬 10～25 g(干燥硫酸钠 5～10 g)。用时加水配成 5%～10%溶液
鞣酸	鞣酸临床主要用于非细菌性腹泻和肠炎的止泻。在某些毒物中毒时,可用鞣酸溶液(1%～2%)洗胃或灌服	(1)鞣酸吸收后对肝脏有毒性作用。 (2)鞣酸沉淀胃肠道中未被吸收的毒物时,必须及时使用盐类泻药以加速排出	内服:一次量,犬 0.2～2 g

续表

药物	用途	应用注意	用法与用量
药用炭	药用炭临床主要用于治疗腹泻、肠炎、胃肠臌气和排除毒物(如生物碱等中毒)	(1)本品能吸附其他药物和影响消化酶活性。 (2)在用于吸附生物碱和重金属等毒物时,必须以盐类泻药促其迅速排出。 (3)不宜反复使用,以免影响动物的食欲、消化以及营养物质的吸收等	药用炭片,内服:一次量,犬 0.3～5 g,猫 0.15～2.5 g。使用时加水制成混悬液灌服

5. 泌尿生殖系统药物

药物	用途	应用注意	用法与用量
呋塞米	呋塞米(利尿磺胺、速尿,呋喃苯胺酸)适用于各种原因引起的水肿,如脑水肿、肺水肿、心性水肿、肾性水肿、肝硬化性腹水和其他利尿药无效的严重水肿。对一般性水肿,因本品易引起电解质紊乱,故不宜常规应用。此外,该药也可用于预防急性肾功能衰竭,加速中毒毒物的排泄	(1)长期大量用药可出现低血容量、低血钠、低血钾和低血氯性碱中毒,应补钾或与保钾性利尿药配伍使用。 (2)本品具有耳毒性,表现为眩晕、听力下降或暂时性耳聋。 (3)妊娠动物禁用。 (4)本品光照变色,若药液变成黄色则不可使用。室温贮存,冷藏时可发生沉淀,升高温度后恢复溶解且活性不受影响	呋塞米片,内服:犬、猫 2.5～5 mg;每日 1～2次,连用 2～3 d。 呋塞米注射液,肌肉、静脉注射:犬、猫 1～5 mg,每日 1～2次
氢氯噻嗪	氢氯噻嗪适用于心性、肝性及肾性等各种水肿。还可用于促进毒物由肾脏排出。其优点为钠、氯离子的平衡排出,较少引起机体酸碱平衡的紊乱。对于乳房浮肿、胸、腹部炎性肿胀,可作为辅助治疗用药	(1)可引起低血钾、低血镁,长期或大量应用时应与氯化钾配合应用,以免引起低血钾症。 (2)本品可减少细胞外液容量,增加近曲小管对尿酸的重吸收。痛风患畜慎用。 (3)肝、肾功能减退者应慎用	氢氯噻嗪注射液,静脉或肌内注射:一次量,犬 10～25 mg

续表

药物	用途	应用注意	用法与用量
螺内酯	螺内酯(安体舒通)在兽医临床上一般不作为首选药,可与呋塞米、氢氯噻嗪等其他利尿药合用,以加强其利尿作用,纠正其低血钾症	(1)本品有保钾作用,应用无须补钾。 (2)肾功能衰竭及高血钾患畜忌用。 (3)排钾性利尿药与螺内酯有协同性利尿作用	螺内酯片,内服:犬、猫2～4 mg,每日3次
雌激素	雌激素能使子宫体收缩,子宫颈松弛,可促进炎症产物、脓肿、胎衣及死胎排出,并配合催产素用于催产;小剂量用于发情不明显动物的催情		苯甲酸雌二醇注射液,肌内注射:一次量,犬0.2～0.5 mg
黄体酮	黄体酮主要用于孕激素不足所致的早期流产、后期流产或习惯性流产;或用于促使母畜同期发情,便于同时进行人工授精和同期分娩	(1)遇冷易析出结晶,置热水中溶解使用。 (2)长期应用可使妊娠期延长。 (3)泌乳奶牛禁用。 (4)宰前应停药3周	黄体酮注射液,静脉、肌内注射:一次量,犬2～5 mg
垂体后叶素	垂体后叶素主要用于催产、产后子宫出血、胎衣不下、促进子宫复原、排乳等	(1)产道阻塞、胎位不正、骨盆狭窄、子宫颈未开放的家畜禁用。 (2)本品可引起过敏反应,用量大时可引起血压升高、少尿及腹痛。 (3)性质不稳定,应避光、密闭、阴凉处保存	垂体后叶素注射液,肌肉、静脉滴注:犬5～30 IU,猫5～10 IU